U0621128

中国艺术品典藏系列丛书

中国传统首饰

长命锁
与
挂饰

王金华 著

中国纺织出版社

内 容 提 要

这是一部介绍老银饰文化中长命锁与挂饰的专著。书中较详细地描述了各种长命锁的经典图案、吉祥用语、戏剧人物、传说故事、材质、形状、工艺及其时代特征等。

长命锁不仅是天下父母对儿女的希望，更是人类文明的真实写照。小小长命锁中饱含着深厚的民族文化和人间大爱，是中国一种特有的文化，亦是中国民俗文化中最吉祥的文化，从造型到工艺都富于巧思的长命锁，凝结着中国人的伦理感情、生命情怀与审美取向。书中各类长命锁与挂饰上繁多的图案是最朴实的证明，吉祥的图案是构成长命锁永恒的主题。"长命百岁"也是高于一切的，是人们永久的话题，也是人们心里的美好祝愿。

本书是"中国艺术品典藏系列丛书"中的第三本，内容丰富、文字简练、图文并茂，具有较高的研究和鉴赏价值，有利于读者了解中国传统首饰文化和历史，从而弘扬民族优秀文化，推动我国首饰行业的发展。

图书在版编目（CIP）数据

中国传统首饰. 长命锁与挂饰／王金华著. —北京：中国纺织出版社，2014.10 （2017.8重印）

（中国艺术品典藏系列丛书）

ISBN 978-7-5180-0339-6

Ⅰ.①中… Ⅱ.①王… Ⅲ.①首饰—文化—中国 Ⅳ.①TS934.3

中国版本图书馆CIP数据核字（2014）第064154号

策划编辑：李春奕　责任编辑：魏　萌　责任校对：陈　红
责任设计：何　建　责任印制：储志伟

中国纺织出版社出版发行
地址：北京市朝阳区百子湾东里A407号楼　邮政编码：100124
销售电话：010—87155894　传真：010—87155801
http://www.c-textilep.com
E-mail：faxing@c-textilep.com
官方微博http://weibo.com/2119887771
北京雅昌艺术印刷有限公司印刷　各地新华书店经销
2014年10月第1版　2017年8月第2次印刷
开本：635×965　1/8　印张：45
字数：410千字　定价：368.00元

凡购本书，如有缺页、倒页、脱页，由本社图书营销中心调换

无银不成饰，有心集大成

银，透着柔和亮丽的银白色泽，作为一种金属材料，具有质地柔韧、延展性强等优点，适宜铸形锻器、捶箔抽丝，制作精巧雅致、瑰丽华美的饰品。古往今来，白银和黄金作为贵金属一直被世人所珍重，视之为财富和地位的象征，被大量地用作打造佩饰用品。

在古代礼制社会，享用黄金饰品通常是王公贵族的特权，有诸多不可僭越的制度之限，以致它和民间生活的关系并不怎么密切。白银则不然。在中国传统文化环境中，白银始终秉有一种大众化、生活化的华贵品格，是士农工商等平民阶层用以寄托理想、体现尊严、彰显美好的高贵介质。银白色的银，熠熠生辉却内敛、素洁，透散着柔和雅逸的"银气"，十分切合温良敦厚、质朴高洁的理想民性诉求。千百年来，在中华文化的涵养过程中，化育民性的人文理想逐渐渗透白银制品，民众对这种自然材质的体认也被历史地注入了富于政治色彩的精神蕴含，形成有着深广社会基础的一种文化认同。在世俗生活层面，这种认同感往往以体贴人情世故的传统观念呈现，譬如人们会以福缘的深浅来解释佩金戴银的人际差别，把凡夫俗子们的福分与相宜的"银气"关联起来，从而让大家既心安理得也怡然自得。再者，银可试毒的独特物性和"平肝镇怯"的养生药理，使白银即便在生活日用方面也表现出它的体贴性。因为这一切，白银和银饰深得庶民百姓的喜爱，也深得倾注匠心巧意的艺术打造。

古往今来，渴望富足、期盼安康、祈求祥瑞、追求幸福的民生理想，持续地激发着民间的审美创造力，使大众在白银这一平民化的贵金属介质上倾注了无限的才情、才艺。以至于在检点历史遗珍时，人们会惊讶地发现，散布民间的银饰品竟是如此的繁多，如此的精彩！诸如簪、钗、胜、项链、耳环、耳坠、指环、手镯、项圈、长命锁、帽饰、纽扣、串饰、挂饰等形制用途不一的各色银饰品，琳琅满目，绚丽多彩，在民间汇成一道"无银不成饰"的美丽风景线。深深地扎根于中华文化沃土的这些银饰艺术，装点着普通人家的和美生活，装扮着庶民百姓的五彩人生。人们凭借银饰品的方寸空间，祈愿抒怀、畅神励志，在充满艰辛的世间呵护明丽温馨的人生，追求超越现实的精神自由和心灵慰藉。这些生活化的装饰物品就像撒向世间的一缕缕斜阳，为平凡朴实的民间生活增添人文的绚烂，为平民百姓带来人性的尊严。寄予美好愿望、充盈吉祥意象、富于审美想象力的中国传统银饰艺术，折射着中华民族的文化灵魂，是世代相传的宝贵非物质文化遗产。

然而，这一百多年来，中华文化遭遇了现代化变革所带来的严峻挑战和剧烈冲击，银饰艺术和其他传统文化表现形式一样，都因文化生态环境的破坏而零落不堪。目前，政府和社会各界已意识到形势的严峻，开始着手保护包括银饰艺术在内的中国非物质文化遗产。为了留住更多的非物质文化遗产的信息，我国开展了抢救性保护，运用各种现代手段，对濒危的非物质文化遗产项目及其传承人进行全面的记录，为之建立档案和数据库。保护中国非物质文化遗产，固然不只是保存物质化的历史遗珍，其最终目的是要修复传统文化的生态环境，激发传统文化表现形式的当代活力。然而，非物质文化遗产保护工作是一项系统工程，妥善保存和展示与非物质文化遗产有关的实物、资料也是形成保护体系的不可或缺的重要环节。今天，我们尤其需要通过搜集、整理和保存流散民间的历史遗珍，通过种种老物件所呈现的形态样式和凝结其中的丰厚历史文化信息，来弥补我们的文化存储，激活我们的文化记忆，让人们更多地了解和体认中华传统生活方式、思想观念和经验智慧。

在收藏、保存和宣传非物质文化遗产的相关实物资料方面，民间收藏家王金华觉悟甚早且执著坚韧。早在初中未毕业就插队山西夏县的 1968 年，他就开始了自己的收藏生涯。在晋南这片承载着厚重华夏文明历史的热土上，他干农活、赶庙会、看大戏、闹社火，接触到最基层的乡土生活和最淳朴的民俗文化，并由此生发出对传统文化的热爱和收藏各类老物件的喜好。多少年来，他节衣缩食，四处奔波，为搜集、整理和保存流散民间的历史遗珍付出了巨大的努力。难能可贵的是，他克服重重困难，以自己在北京古玩城开的"雅俗艺术苑"为平台，通过"卖物买物、以藏养藏"的方式，边收藏边学习，边经营边研究，以至把朴素的个人爱好提升为融收藏、经营和研究于一体的事业，成就斐然。虽然学历不高，但王金华以非凡的毅力和超人的恒心，写心得，记笔记，笔耕不辍几十年，积累了大量的资料，先后编撰出版了十余部有关传统银饰和刺绣的专著，把自己的精美藏品和对民间艺术的认识呈献给社会。王金华是一位有社会责任感的儒商，又是一位靠自己掌握的第一手资料来研究、品鉴民间艺术的专家。他凭借自己丰厚的收藏和在实践中积累的知识，不为名利、持之以恒地为保护非物质文化遗产做民间艺术的传播者，精神可嘉、令人敬佩。

在王金华的收藏取向中，他格外喜欢银制品。他的藏品来自全国十几个省市，多为明清时期的银饰。《中国传统首饰长命锁与挂饰》是他的第五本介绍和研究传统银饰的专著，也可谓其之前几本著作的姊妹篇。书中的图片都是王金华个人长年收藏积攒的精品，入编此书时，作者为之做了详细而富有知识含量的注解，品读起来，可以帮助读者深入地了解传统银饰的民俗文化背景，以及工艺制作、功能应用和艺术表现方面的情况。眼下，介绍传统手工艺品及物的书籍日益见多，涉及面也日益见广，但是，像王金华这样集收藏家、古董商和研究者的眼光于一身，专心致志地琢磨自家珍藏的著述却十分难得。作者的一腔情怀和独到之见，想必读者能在字里行间感受得到。

岁月的尘封掩不住银质的本色。一当擦拭，诸般老银饰又会闪现出素洁高雅的银质光芒。随那光芒透射出来的，是先辈的深情，是民族的精神，是中华文化永不朽败的灵魂。

感谢王金华，他如此用心地呵护和擦拭一个民族的老银饰。

吕品田

2014 年 1 月 30 日于北京

吕品田

中国艺术研究院研究员、国家非物质文化遗产保护工作专家委员会委员、中国美术家协会理论委员会副主任。

前　言

　　《中国传统首饰　长命锁与挂饰》是"中国艺术品典藏系列丛书"的第三本书。

　　这是一部中国民俗艺术品精粹的集成，又是一部中国民间美术品的大观，也是中国传统首饰手工艺术的一部长卷，终于与读者见面了。

　　几千年来，中华民族文明纵贯，历史沿革，留下了无数灿烂而富有魅力的银饰文化，这是华夏子孙共同引以为豪的财富。

　　如何寻找民族的魂，把握文化的脉，将传统文化传承下去，是我们的使命，也是我们的当务之急。

　　对于银饰"长命锁"文化，没人教我，更没人督促我，对于个人，我只是一个爱好者，而且是一个执着的爱好者，一爱就是三十年。我喜欢这些老银饰，我做着自己喜欢的事，这是一件利己、利民、利国的事。甚至在20世纪80年代末，放下了安身立命的铁饭碗，放弃了铁路二十多年的工龄。

　　祖辈的故事已远去，如今看到这些传世的老银饰才更显珍贵，它们给我带来了精神上的安慰与快乐。

　　收藏不易，人情世故更不易，积于三十年的收藏与感悟。有多少沧桑，就有多少迷茫，尽管遇到很多不愉快的人和事，无限惆怅，心中还是充满力量，持之以恒也要把书写完。此书是我对长命锁与挂饰的深度情感交流的、夹叙夹议的又一读本。

　　长命锁是吉祥饰物，是我们祖先在漫长的岁月里创造的最朴实的吉祥祝愿，是对美好生活的寄托，是无比虔诚祈望。长命锁借自然物的具体形象表现抽象的概念，用假借、同音、同声、谐音表达吉祥寓意，以人物、动物、花鸟、鱼虫、日月星辰等为题材，将祈福纳吉的观念融入其中，不仅体现出中华吉祥银饰文化与吉祥图案的博大精深，也表达了中国人对美好生活的追求，以及祈求吉祥如意、国泰民安、事业发达等美好的祝愿。把吉祥图案錾刻在长命锁上是中国特有的文化现象。充分感受到这些文化现象中所暗藏的玄妙空灵，既委婉含蓄，又不失审美取向。它预示着好运之征兆，在民间深受广大民众的喜爱，尤其发展到明清，成为一种蔚然成风的民俗现象。长命锁拙中藏巧，朴中显美，以它特有的装饰风格和民族语言，在中国民间流行几百年且久而不衰延至今日，充分体现了天下父母对儿孙的期望与寄托。

　　随着经济发展和人民生活水平的不断提高，曾经被遗忘的老银饰一度远离人们的生活，而今，渐渐被唤起的记忆又再次映入国人的视线。尽管岁月的沧桑使它们变黑。但稍一擦洗，往日的温润、细腻、光泽及其蕴含的历史文化，又重新展现。品玩银器的行家称它为"永不消失的光泽"。

　　写这本书之前，我想了很久，如何使读者能够读懂，一看就明白，最终决定以实物图片、亲身感悟以及简洁的文字来写这本书。希望读者阅读这本书时，能够轻松地接近当年那些无处不见的银饰世界和现实社会，更希望这本书能在茶余饭后给您带来快乐。

王金华

2014 年 4 月

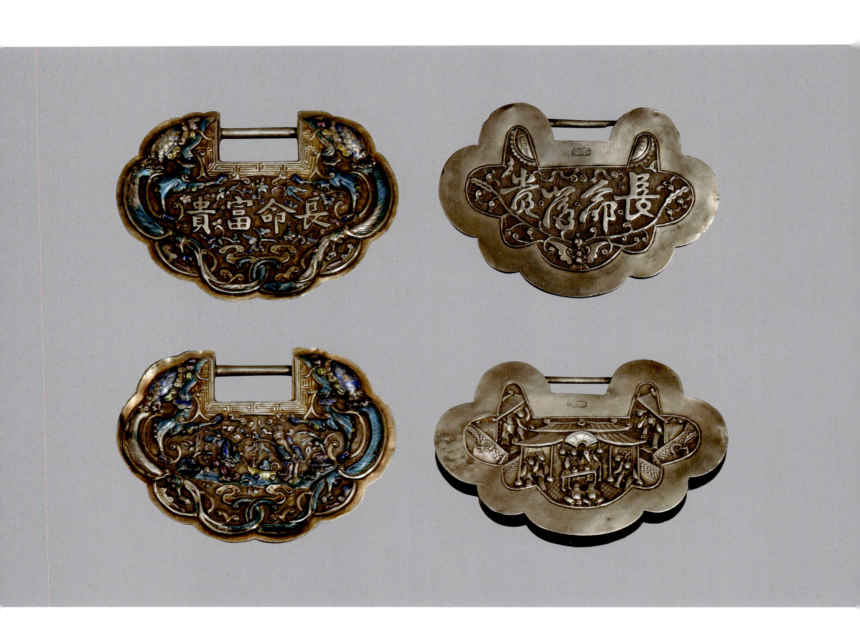

目　录

肚兜上刺绣的长命锁

银 挂 饰

浅谈老银饰

——长命锁与挂饰

（一）

中华民族有着五千年的悠久文化历史。

在历史的长河中，中华民族创造了丰富多彩的饰物佩戴文化，有些饰物早已超越了佩戴的本能性，建立起非本能性的观念体系，从观念意识方面拓展了装饰行业的空间。在这个体系中，佩戴的饰物由于其非本能性的原则，更多地反映了中华民族佩戴饰物的社会历史内容，以及独特的民族文化形式。由于中国地域辽阔、地理环境的差别、气候条件的多变，自然形成了不同层次的生活状态，由此也产生了不同的装饰形式；又由于民族的迁徙、历史的延伸、文化的交流融合，促成了不同的生产方式和生活方式、不同的宗教意识和政治意识，这些因素都对饰物佩戴的装饰行为产生了深远影响。

本书中老银饰——长命锁，主要以汉族为主，它来自全国十几个省市地区。饰物的形态、工艺、内容都不同程度地保留了中国传统文化的特征，在审美形式的背后必然包含着丰富的社会历史。在饰物的外在形式上，不但有审美意义，还能直观地观看饰物的工艺和故事，以及那来自古时候，被人们遗忘了百年或千年的动人美丽传说。

以前笔者也写过长命锁和一些有关老银饰的书，但总觉得还有很多未写进书里去，总有差距，于是总想写几部最好的有关长命锁和老银饰的书，才不枉笔者爱了半辈子的老银饰。金银器是人们最熟悉的字眼，具有鲜明的文化特色，可分为三大类，器皿、首饰、装饰摆件。而长命锁是首饰的一种类别，称作颈饰。

通常以金属材料加工制成锁状，上系串珠绳索或用银链银圈，使用时套于颈项，锁形饰物则垂于胸前。

在明清两代，长命锁多用于儿童，或戴至成年。长命锁有两个俗称，即"长命锁"和"寄名锁"。佩戴长命锁不只是为了装饰，还有避邪纳祥之意。中国人总是迷信一些说法，而说法只要有美好的寓意，能避邪纳祥，后辈就会照着老祖宗的说法去做，其实也就是传承。按迷信的说法孩子在幼儿时体质较弱，容易夭折，只有佩戴这种饰物，才能避灾驱邪、锁住生命。所以中国儿童出生后，不分男孩、女孩颈部都挂有这种饰物，一直戴到长大成人。

佩戴长命锁的做法，虽流行于明清时期，但其源可追溯到汉代。据《史记》记载，汉时风俗，每逢端午佳节，家家户户都在门上悬挂五色丝缕，以避不祥。以后又将这种丝缕缠绕于人的手臂，俗谓"百索"，或称"长命缕"。到了明代，风俗变迁，这种丝缕从臂部移到了颈间，专用于儿童。成年男女使用者逐渐减少。古书《留青日札》记称："小儿周岁，项戴五色彩丝绳，名曰'百索'"。这种百索进一步发展后，就成了"长命锁"。

到了清代和民国时期，长命锁受到更多人的喜欢和认同，成为小孩出生后必戴的饰物。

天下的父母无不希望子女成龙成凤，所以，无论是官家、贵族、平民百姓都给孩子准备了长命锁，成为一种传统、一种时尚，尤其是对民间风俗习惯中体现的生命礼赞更是一项锁住生命、消灾避邪的礼仪活动，一种满足人们心理及精神需求的最吉祥的饰物。父母为了让孩子健康成长，从生下来那天就祈求神灵从天降福，借助神力，锁住生命，不让孩子被病魔夺去。有的竟把子女过继给神明，因此很多锁上有神的名字或避邪文字，如八仙、天仙送子、福禄寿三星、麒麟送子、刘海戏金蟾等。幼儿在戴上长命锁那天起，就有了神的保护，就等于保住了平安。长命锁是从民间生活中衍化出来的吉祥物，是最贴近生活的，它不仅传承了历史文化信息，千百年来，滋养了一个民族和一块块土地，一些传统的吉祥观念形态，在新的历史时期，又被赋予了新的内容，构成了一个新的文化现象。如有些企业公司的标志就是直接取用古代吉祥盘长纹的形象和寓意，盘长纹是佛教"八宝"之一，其教义是"四环贯通，一切通明"，象征连续不断。

长命锁上的"状元及第"寓意考取状元，仕途顺利，与现在的高考相联系，把高考分数排在第一名的称为"高考状元"，又分理科状元和文科状元，这些都是将传统观念形态进行演化、现代化和功利化。

长命锁的装饰行为所包含的社会文化内容是多层次、多形式、多内涵的综合性行为。在人类生活中，人们不断赋予装饰物新的形式与内容，使装饰物成为具有观念意义的物品。另一方面，装饰行为也必须具有观念意义。装饰行为与装饰物的观念意义的实现，取决于社会环境以及社会对其价值的整体认同。人类创造的饰物和人类的装饰行为，必须有认同的社会环境，才能实现饰物的自身价值。对一些传统饰物的研究，存在着很多难以澄清的问题，一是年代久远，二是佩戴实用功能的消失，三是佩戴行为观念意义的转变。就如现在不可能有人再戴凤冠插步摇，就是常见的簪钗也很少有人用了。这是因为那些传统的装饰物品缺少社会环境。所以，仅有饰物是不够的，必须要有装饰行为才能在特定环境中实现其观念意识。

中国传统首饰及民间工艺在世界独领风骚。正当我们要遗忘这千百年的老银饰的时候，在中国改革开放的年代又重新出现在人们面前，这些原来很生活化的陈年老货成了古董，带着遥远的记忆，再次来到这个世界，继续诉说着那些沉睡了千百年的故事。

笔者对老银饰深感兴趣，更喜欢收藏老银饰。老银饰的种类很多，有簪、钗、扁方、步摇、凤冠、项链、耳坠、耳环、手镯、长命锁等。但在这些首饰中，笔者最喜欢的就是"长命锁"。

（二）

对于很多老人来说，老银饰是童年最难忘的记忆，儿时手腕上戴着有响铃的小镯子，脖子上挂着的长命锁，奶奶、姥姥手腕上把玩的银首饰，或者被她们压在箱底的金银饰品，戒指、梳子、耳环、耳坠、银铃、银盒、银币……银子，在过去的很多年里，都是财富的象征，也是最有生活化的物件，它装饰了一代代人的生活。尤其是经过岁月的沉淀，小小饰物上盛满了千古风情。

中国银饰文化经过漫长的发展，到了明清时期已形成了很多种类，工艺也达到了登峰造极、炉火纯青的地步。

很多老银饰的图案实际就是一幅画，尤其是那些錾刻着山水人物、楼台亭阁工艺的银饰，比画还美，画家是用笔画在纸上，而银匠用的是刀刻在金属上。它们的工艺精湛、制作精良、用料考究、造型别致。银匠们穷尽一生的智慧，却带着浓浓的中国古典情调，他们用一双巧手给世人留下了如此之美的饰物，百年已过，现在仍然让人爱不释手。有些老银饰虽已经黑得看不出本来面目，但当把它们清洗干净时，黑锈里写着的不仅仅是泥土的沧桑，还有那沉睡了千年的故事。

中国传统银饰的工艺很多，压模、锤鎳、焊接、烧彩、錾花、珐琅彩、鎏金、贴金、包金、炸珠、扭丝、编丝、浇铸、镂空、点珠、花丝、缠丝、垒丝、镶嵌等。这些工艺做完之后还要抛光，通过以上工艺把自己喜欢的和对生活的感悟雕刻其上，从而让一件小小的银饰寄托很多美好的寓意，比如吉祥图中有：

（1）梅花上有一只喜鹊，寓意喜鹊登梅或喜报春光。

（2）梅花上有两只喜鹊，寓意"双喜临门"。

（3）天上一只喜鹊，地上一只獾，寓意"欢天喜地"。

（4）天上一只喜鹊，地上一只豹子，寓意"报喜图"。

（5）蝙蝠前有一枚铜钱，寓意"福在眼前"。

（6）蝙蝠前有两枚铜钱，寓意"福寿双全"。

（7）五只蜘蛛中间有个寿字，寓意"五福捧寿"。

（8）一只蜘蛛从上垂吊而下，寓意"喜从天降"，表示天降好运。

（9）花瓶里插有牡丹，寓意"富贵平安"。

（10）一只大狮子和一只小狮子在一起，寓意"太师少师"。

（11）马上坐着一只猴子，寓意"马上封侯"，表示马上就当官。

（12）一只大猴子背上骑着一只小猴子，寓意"辈辈封侯"。

（13）三只狮子在一起玩耍，寓意"三世同堂"。

（14）四只狮子在一起玩耍，寓意"四世同堂"。

（15）瓜和蝴蝶的图案，寓意子孙昌盛、兴旺发达。

（16）大公鸡和牡丹图案，寓意功名富贵。

（17）一只大公鸡带着五只小鸡的图案，寓意"五子登科"。

（18）白头翁鸟落在牡丹上的图案，寓意白头富贵。

（19）有佛手、寿桃、石榴三果类的图案，寓意"三多"，即多福、多寿、多子。

（20）一儿童手拿如意骑大象的图案，寓意"吉祥如意"。

（21）把一如意插在瓶子里，寓意"平安如意"。

（22）多只蝙蝠和桃子在一起，寓意"多福多寿"。

（23）两个儿童喜颜相对，或两只喜鹊相对，寓意"喜相逢"。

（24）喜鹊落在梅花枝上，寓意"喜在眉梢"。

（25）松、竹、梅的图案，寓意"岁寒三友"，也称"三友图"，以喻友情。

（26）娃娃抱鲤鱼的图案，寓意"连年有余"。

（27）菊花与黄雀的图案，寓意"举家欢乐"，是祝颂家庭幸福之意。

（28）鹌鹑与菊花、枫树的图案，寓意"安居乐业"。

（29）一只大公鸡立于石头上的图案，寓意"室上大吉"，比喻鸿运当头。

在中国传统文化中，这些吉祥图案，鼓舞了一代又一代的人，传承了数千年，满载着古人对生活美好的憧憬和对理想的追求，向幸福的彼岸驶去。

作为一种符号也好，还是美丽的图画也好，都是人们喜闻乐见的主题，而且构图喜庆、寓意祥和，已根深蒂固地成为中国传统图案的象征性图案和标志性符号，这些图案和标志性符号在中国的艺术品中得到了充分发挥，尤其是在长命锁上得到了更多的体现。

中国的吉祥词语和吉祥图案，寓意着人们对生活的追求，记录了我国悠久的历史文化和多姿多彩的民俗风情，它融合历史、文学、民俗、美学于一体，把中国传统文化和人们的审美情趣完美地结合起来，成为我国传统文化艺术的珍贵遗产。童年时代，孩子们身上大都戴着保平安的吉祥饰物，手镯、手串、项圈、长命锁，分别刻有"长命百岁""福禄寿"字样的吉祥文字。孩子出生后起名字时也常常带有喜、富、贵、财、顺等吉祥的字眼。亲友中谁家寿诞或添了婴儿，街坊邻居、亲朋好友都会送去带有吉祥寓意的礼物，如：面花，以白色本色取胜，适可而止的点染红、绿二色，以起提神作用，造型有鱼、蛙、鸟、兽、胖娃娃等；织绣类，虎头鞋、虎头帽、虎肚兜等。礼物贵重的就是银镯子、长命锁、银项圈等银质礼物。这些礼物都是寓意吉祥和反映我国民族历史文化的标志。而这些淳朴的民间风俗和魅力的吉祥图样，至今仍深深铭刻于人们记忆，扎根于人们日常生活之中。它反映了人们对生活的热爱，是人们表达生活意愿、理想和企及祝福的象征。它有着中华民族浓郁的乡土气息和深厚的社会文化基础。中国传统文化表现在各个领域，无论是建筑、绘画、家具、瓷器、织绣、金银首饰，还是竹、木、牙、角雕、石雕、玉刻、彩陶等，寄托了人们避祸祈福的强烈愿望。现有传世饰物的各种纹样反映了当时人们吉祥祈求的意念，人们笃信"吉凶有兆，祸福有征"，所以人们在求生存中，创造了这些带有吉祥寓意的图案，而这些吉祥图案已作为一种神秘人的艺术形式应用于社会生活之中。

中国的金银饰品经过漫长的发展，形成了品种繁多、款式多样、用途广泛、图案丰富和流派纷呈等特点，其中银首饰就占了相当大的部分，涵盖了头饰、发饰、颈饰、手饰、耳饰、挂饰、服饰等。不同的地域，都有自己独特的构思、独特的风格、独特的创意。工艺都很精致，借鉴这些古老的构思和创意，让这些流传了千年的本土文化一代代地传下去。

这本书里的"长命锁"确实是来之不易，开始只是喜欢，没有想到以后要赚多少钱，也没想到今后要出书，更没想到以后会有古董古玩的艺术品市场。开始只是试着写一些自己对这些老银饰的感悟，最后收藏的多了，就想写本介绍老银饰的书，没想到一写就收不住了，因为很多人爱看。他们给予笔者鼓励，给予笔者勇气，才一本接一本地写下来。但每写完一本书，总觉得没写好。还有很多更精彩、更美丽的老银饰没有写进去。总觉得有很多地方不如意，是东西不好，还是自己的文化水平太低？不是东西不好，还是自己的文化水平有限，凭自己的学历，写这本书还是有很大难度的。

谈起收藏生涯，就想起了山西，可以说山西和笔者有着不解之缘。山西是笔者的第二故乡。在那个年代，初中没有毕业，十七岁就离开北京，响应党的号召来到山西夏县插队务农。夏县古称禹都，据《史记·夏本纪》记载，夏朝建都于此。在华夏五千年的灿烂文化中，书写了光辉的篇章。教民植桑养蚕的嫘祖，割股奉君的介子推，书法家卫夫人，一代名相司马光等构成夏县历史的辉煌星座。夏县属晋南运城地区管辖，共十三个县区。

笔者收藏的大型长命锁多在运城地区，书中老照片中有一张是清代宦官家的"全家福"，虽已模糊不清，但仍可看到共有二十四人。二十四人中，其中就有十一人颈上戴银项圈式长命锁。运城，中华五千年文明的源头，河东、华夏文明发源地之根，这里人杰地灵，群英荟萃。古往今来，无数人杰似一颗颗耀眼的明星，交织辉映在历史的天空，成为后人仰望的星座。

插队时有幸去了运城好几次，并浏览了解州关帝庙、永济的鹳雀楼、盐湖区的舜帝陵庙，领略了运城盐湖碧波万顷、硝堆如山的美景。盐湖区是关公的故乡，人称诚信之乡，关公生于解州常平下冯村，一生忠义仁勇，被历朝历代褒封不尽，尊称无上，成为诚信的象征，勇武的神灵。解州的这座关帝庙属国家级文物保护单位。

唐代的文学家、哲学家柳宗元就是今运城市永济县人。

唐代的李世民手下的名将薛仁贵是今运城市河津县人。

西汉史学家、思想家司马迁是今运城市河津县辛封村人。

唐代诗人、画家王维是今运城市永济县人。

司马光，北宋的宰相，杰出的政治家和历史学家，是今运城市夏县人。运城自古以来就是一个名流辈出的好地方。

笔者正是在这样的好地方插队务农，这里的民情风俗，这里所产生的一切民间文化、艺术活动必然与中国传统文化在内涵和根源上密切相连。由于笔者对民间艺术和古典文化的热爱、偏好，足迹几乎遍布插队时期能去的所有地方，尽管对当地的民间活动不懂，也要凑个热闹，问个明白，无形中积淀了一些知识。山西每个县都有文物古迹，真是一块古老而神奇的土地。悠久的历史文化，矿物资源得天独厚，文化遗址、宝寺名刹、亭台楼阁、名人故里、灿烂的文化底蕴。

喜欢山西这块古老的土地，并不觉得它有多穷、多苦，在搜集整理这些民间文化饰品的同时，确实学到了在北京学不到的东西。虽然后来回到了北京，但山西的山山水水时时刻刻都浮现在眼前，它给了笔者太多意外的收获，它陶冶情操，净化灵魂，使笔者食之甘美，余味无穷。

在把玩、收藏、征集、经营老银饰圈里的人大多对山西银饰最看好。老银饰，基本分为两大派别，南方派和北方派。区分这些老银饰，主要在分量上有差别。南方的银饰品做工精细，但舍不得用料，大薄太轻，怕摔怕磕，只能轻拿轻放。因为饰品较轻，很容易挤伤、压瘪，在使用佩戴中要多加小心。北方的银饰做工粗犷大方，舍得用料，在用料上几乎是南方的一倍到二倍，甚至还多。因为料厚，不怕挤压磕碰，使用时也就少了一份小心。在工艺制作、风格上南北方各有千秋。

书中的项圈式长命锁主要来自山西、陕西，因为秦晋两国毗邻，从制作工艺和风格上很多都相似，也因为它们的用料厚重，易保存，所以传世至今。人们说山西人会理财，也会守财，一百多年过去了，保留至今，实属不易。大项圈长命锁本来就不多，其他省市保存下来的就更少，中国经历了太多年的动荡，本来都是老人们压箱底的宝贝，一世也舍不得用，因为生活，几乎都变卖了，或被银匠熔化又打成了新首饰。

在写这本专题"长命锁"书的时候，既兴奋又激动，还有点害怕，兴奋激动的是收藏已成系列化、专题化，给笔者自己和很多"银友"带来了快乐。望着这些微微泛着黑黄的古色古香的首饰纹样，编织着一个老银饰收藏者岁月中的梦里乾坤，它给笔者带来很多欢乐与安慰。每一件银饰都是对美好生活的寄托，是最生动的中国文化。真是收藏在民间，乐趣也尽在民间。

有点害怕的是能不能写好这本书，又以什么方式去写，唯恐说不透，道不明，让同仁们贻笑大方。由于有关金银饰品的专业书籍很少，资料匮乏，即使有也很有限，千篇一律的资料不想过多引用，所以如何写这本书？如何用最简洁、最朴实的方式和语言，让读者一看就懂，思索良久，尽量满足老银饰圈里的银友和收藏人士的要求，尽量介绍的详细全面，如表现爱情方面的多是"西厢记""白蛇传""梁祝化蝶"等，表现孝道方面的多是"二十四孝"等，表现英雄忠义方面的多是"水浒传""三国演义"等，表现神仙传说的多是"西游记""八仙"等，而这些故事又是老百姓最熟悉、最爱听的。

这些戏曲故事上演了一代又一代，传唱了千百年，影响了一个民族，形成了一个文化体系。一把把"长命锁"被打上了历史文化的印记，在当时那个年代，民间银匠不懂得怎么抒发情感，只是将自己的情感刻在长命锁上，也将一个民族的感悟鉴刻在长命锁上。小小的长命锁记录了如此丰富的传统文化和历史人物，小小的长命锁上记载了中国历代的各种纹样，小小的长命锁上有如此多的吉祥图案，给我们留下太多的传统工艺，一把不被重视的长命锁上竟蕴含了如此多的故事。通过艺人的巧手，这些都形象地固定在人们的视觉领域中，又通过人们所赋予的文化内涵，满足中国人民的情感寄托，通过收藏研究，了解旧时为什么家家都给孩子戴长命锁。一把把银锁对于传统的中国人来说，实在是太重要了。

（三）

有很多长命锁上鉴刻有吉祥词语，如"五子登科""三元及第""状元及第""一路连科""喜报三元""连中三元""喜得连科""一甲一名""二甲传胪""鱼龙变化""春风及第"都是预祝学子们学业有成、名列前茅、科举时代，为了飞黄腾达，哪个学子不是十年寒窗。状元及第是应试士子中万里挑一的佼佼者，天下当父母的哪个不盼望孩子金榜题名。所以在长命锁中，这样的锁很多，也很受中国人的喜爱。孔子说："学也，禄在其中。"他以精辟的语言，将读书人的功利主义本质批注得明明白白。几千年来，孔子的言谈，成为封建社会读书人追求功名利禄的金玉良言，至今金榜题名仍是学子们最大的心愿。在民间还有几位与科举制度关系密切的神仙：文曲星就是其中的一个主神，民间把中状元的文士看成是文曲星下凡。魁星也是与科举制度关系密切的神仙，民间盛传魁星为"魁星踢斗"，寓文运之兆。古时候凡奉文昌帝君的人都要祭祀魁星。文昌帝君是掌文昌府事及人间禄籍的神仙，自唐宋起，香火就很旺盛，元代被封为帝君。古时每年农历二月三日，学堂都要举办盛大的仪式来祭祀文昌帝君。

在科举取仕的封建社会里，科举是文人进入仕途的必由之路。所以，这类以科举高中为内容的吉祥装饰图案出现在长命锁中是必然的。"万般皆下品，唯有读书高"，是最好的见证，包括"鲤鱼跳龙门""青云直上""金榜题名""魁星踢斗"等均含有典型的读书做官寓意，成为很多人朝思暮想的宿愿。"当朝一品""马上封侯""官上加冠""加官晋爵""官带传流""辈辈封侯""封侯挂印""带子上朝""指日高升""翎顶辉煌"等吉祥图案不都是希望升官，希望位高权重，因此，中国民间艺人也把这些反映当时社会、人们意愿、人们的观念打造在长命锁上，把祈福的心愿表达于传统吉祥文化的各个方面，由此形成了中国银饰祥瑞文化的特色。

银饰中的长命锁更具有其自身的特殊意义，戴在颈上不单是多了装饰，主要是避邪纳祥之意。因为古时候医学很落后，幼儿易患病夭折，夭折也不知道是什么原因，由此人们认为是得罪了天神、地神的缘故，父母为了让孩子健康成长，从孩子一生下来就祈求神灵从天降福，借助神力，锁住生命，不让病魔把孩子的生命夺去。有的竟把孩子过继给神明，因此有的锁上刻有神的名字或避邪文字与吉祥图案，如"三星高照"中的"三星"就是指福星、禄星、寿星三个神仙。八仙是中国人人皆知的神仙，他们各有神通，没有办不成的事，因此得到老百姓的尊崇。

"刘海戏金蟾"中的刘海也是神话传说中的神仙。在这些神仙中，神仙常常要做一些符合民众心愿的善事。在民间，神的概念是广义的，具有神秘的、超人的能力。能够降福于人，神又有大神、小神、善神、凶神之分。在人们心目中，玉皇大帝是儒、道、佛三教合一神国世界中的帝王神，拥有至高无上的权力；王母娘娘是玉帝的配偶神。虽然如此，因为天上的神仙太多，有山神、水神、海神、河神、土地神、树神、花神、风神、雨神、雷神，天边地域都有神在管理，而中国的老百姓哪位神都不敢得罪，为了不给活着的人带来危害，为了克服这

种恐惧心理，人们想出诸多驱鬼、哄骗鬼、讨好鬼等办法，这种崇拜鬼神的巫术产生于古老的民族和图腾时代，而各种崇拜的标志图形就成为人类最早的吉祥图案。

颈饰"长命锁"的很多图案也是来自一些图腾时代的产物。只要幼儿戴上长命锁，就锁住了生命，就有了保护神，就等于保住了平安，由此可见，祝福祈祥、镇妖避邪、神灵圣贤等吉祥图案源于巫祭，我们熟悉的龙、凤与吉祥符号、太极八卦等很多图案都是原始图腾纹饰的遗存。正是由于中国吉祥图案观念的不断丰富和发展，才使得吉祥装饰在人们的衣、食、住、行各个领域里得到广泛应用。

宋代是中国吉祥装饰设计发展的高峰。宋王朝设立画院，提倡工笔花鸟画，对吉祥装饰品设计的风格产生直接影响。同时，宋代工艺发达，适应各阶层生活需求的各种手工艺品异常丰富，并形成了宫廷工艺和民间工艺平行发展的突出局面。宫廷工艺以不计工本、精雕细琢作为其特征，在风格上突出体现了一丝不苟、华丽严谨的风格，从很多出土的金银首饰器物中可看出做工精细、风格独特。

明清时期，经济繁荣，工艺美术高度发展，为吉祥图案的流行与发展提供了有利条件，无论是传统门类的复兴，还是新品种的开发，均已达到空前水平。在构成手法上，普遍采用寓意谐音、假借等手法，形成了"图必有意，意必吉祥"的特点。在艺术风格上，由于使用者的不同，逐渐形成了宫廷与民间两种艺术风格，民间吉祥图案在内容上保持了民俗化、世俗化的特点，风格清新、质朴。宫廷吉祥图案在民间吉祥图案的基础上，融入了封建伦理、道德和社会等很多观念，不断地强化上层社会的审美情趣，风格上保持了繁复精细的特色，但两者并非截然分开，而是相互影响，共同发展。

在清早期和中期时，金银饰品手工艺已非常发达，尤其是银饰品，样式多，纹样内容丰富，涵盖了人物、古典、戏曲、花鸟鱼虫、龙凤、麒麟、狮子、十二生肖、祥禽瑞兽以及吉祥文字，尤其长命锁上的吉祥文字最为突出，"长命百岁""长命富贵""百家保锁""千家保锁""状元及第""五子三元""三元及第""荣华富贵""金玉满堂""蟾宫折桂""三多九如""福寿双全""五世其昌""天子门生""福禄寿喜""大福大贵""头名状元"，等等。

锁的造型，锁上面的故事、内容、纹样多样化、特色化，形成了小装饰、小摆件为主的新格局。这些小装饰、小摆件随着中国吉祥文化观念的不断丰富发展，走进了千家万户，那个时代在中国无论是贵族、商人，还是平民百姓，出生后都戴长命锁，锁住生命，保住平安已成为时尚。

长命锁的造型很多，有圆形、元宝形、长方形、六角形、筒形、八角形、梯形、鼎形、莲花形、蝴蝶形、荷包形、如意云头形、麒麟送子形、方形、片形、鼓形，最常见的就是锁形，这些统称为"长命锁"。通常是前后两面，一面为吉祥文字，另一面为吉祥图案，还有配带钥匙的锁，但大多都不带钥匙。长命锁的大小和重量相差很大，尺寸也不一样，小的长命锁一

般为一二厘米，大的能达到长宽十至十五厘米。长命锁重量有一二钱重的，也有重达一斤多的。重的长命锁一般均是带项圈的长命锁，上下二层或三层连接，用银子打成一个大项圈，连缀而成。大锁錾刻工艺一般都较突出，不仅刻线流畅，而且上面的人物姿态、脸部表情、衣纹穿戴均是高水平的工艺。长命锁的主题很多，主题表达不一样，很多锁的下面挂有流苏、流苏配有各种大小不同的银铃铛，造型有银瓜、银人、银狮子、银青蛙、银蝉、银木鱼、银钟、银小鞋、银斗、银簸箕、银花生、银葫芦以及十二生肖中的鸡、狗、羊、龙等各种小物件，而每个都有寓意，哪个都有说法，用这些小配物加以坠饰，起到了画龙点睛的作用，也显示了多样的文化内涵。

长命锁是吉祥锁，它来自民间，流传于漫长的农耕手工业时期，经过艺人的千锤百炼、打磨、雕刻，成为世代流传的避邪之物，是老百姓精神上的寄托，也是一种满足人们心理及精神需求的装饰物，是最朴实的文化，它隐藏着中国人丰富的情感，也记录了民间传统艺人的高超手工艺，它不单单是一件银饰品，实际是绘画、雕刻、工艺的总和，也是对美好生活的总设计。

长命锁的纹样内容极为丰富，中国人一直标榜的美好家庭，主要就是以夫妻和睦、白头偕老、长寿富贵、福禄寿喜、子孙万代、连生贵子为主题，或以表现圆满、祥和、吉庆、福祉的装饰符号在其中。各种各样的长命锁中麒麟送子锁为多，尤其是山东。

山东是孔子的家乡，也是文化之乡，麒麟送子锁全国各省地区均有，但山东的更鲜明，用料厚、品种花样也多，有银镀金、银鎏金、珐琅彩、景泰蓝，有压模、片锁、錾花等。我们知道，古人将龙、凤、乌龟、麒麟称为"四灵"，而麒麟步行规矩，不踏庄稼，不踏生虫，具有智慧、仁慈的美德，象征着宽厚、仁义、吉祥。所以在民间常以麒麟送子的图案作装饰，或錾刻于银锁上，或刺绣于服饰上，祈求子孙后代如同麒麟一般聪慧、宽厚、仁义，取吉祥之意。

古代传说，麒麟的出现主天下太平，圣王出现。在《春秋》《左传》《史记》中多有麒麟的记载。麒麟的出现，认为是圣王之"嘉瑞"。据《拾遗记》记载，孔子出生时，有麒麟在孔子家的院子里"口吐玉书"。麒麟成为孔子的化身。还有传说，孔子有一天在睡觉，朦胧中听到外面的嘈杂声，出门一看，一群孩子在用小石块打一只受了伤的麒麟，孔子把孩子们喝走，赶忙给麒麟治伤。麒麟非常感谢孔子，临行时，口吐玉书，孔子得到了天书后，天天苦读，所以成为中国的孔圣人。从此以后，民间就把麒麟比喻为仁厚贤德和富有文采的子孙。在民间信仰中，麒麟不但能送书，还能送子，麒麟后来又转化为可送子嗣的吉祥灵兽，与生育有关的吉祥图案称"麒麟送子"。麒麟像鹿一样，有报春的本领，所谓"阳气动，万物滋"。据此可见，"麒麟送子"实为"送滋"，即以"报春"，万物复苏，带来生机，带来子孙的繁盛。

（四）

在中国传统风俗习惯中，人们往往习惯将现实生活的具体目的当作精神生活的内容，同时也常把精神生活的内容作为现实生活的主题，使两者相互融合，互为一体，民间社会因此而保持着旧时的传统而不肯轻易改变。所以，中国人的精神信仰永远离不开具体的生活内容。很难将人们的信仰内容与生活分割开，这恰恰就是中国人特有的信仰方式和精神生活，也是中国人特有的生活方式和生活境界。过大年，家家都要包饺子，家家都要贴对联；端午前包粽子、插艾叶；中秋节吃月饼，象征团圆；小孩满月，亲戚朋友来祝贺；朋友结婚上礼、喝喜酒、闹洞房；老人高寿，晚辈来祝寿；清明节扫墓，纪念故人，形形色色的生活、饱饱满满的精神，中国人的日常生活多姿多彩，有滋有味而又有条不紊。一把长命锁却包含充盈着那么多的美好寓意。如果这些首饰中不蕴含丰富的社会文化、宗教意义、伦理道德等，人们就不会投入这么多的精力去关注这些银锁及其相关的制品。这就是要使用这些经过装饰的形式，以达到消灾避邪、永保平安的生活目的。

中国长命锁在传统文化中的需求量很大，也很讲究，因此长命锁是中国传统文化中一种独特的文化现象，尤其是戏曲故事、神话传说。它是民俗文化的载体，通过一出出戏曲人物，歌颂世上的好与坏、善与美，借助戏曲将道德观、价值观甚至是宗教观念灌输给后人，也算是一种独特的教育方式。

例如《三娘教子》在中国是一出流传很广的传统剧目，最早见于明代，中国的很多地方戏剧中，都有这出戏。讲的是儒生薛广外出经商，家留妻张氏、妾刘氏和王氏，刘氏生一子，乳名倚哥。薛广于是托同乡往家中捎500两银子，但是同乡见财起意，买了一个空棺材，谎称薛广死于外地，张氏、刘氏听后先后再嫁人，三娘王氏一生以织布为生，与老仆薛保含辛茹苦地教养刘氏丢下的倚哥，倚哥在学堂中被人讥笑为无母之儿，负气归家不认三娘为母，三娘伤心欲绝，立断机布，以示决绝。老仆薛保把倚哥身世告知倚哥后，倚哥大梦初醒，向三娘认错，并发奋读书，后金榜题名。这时，薛广也以军功还乡，一家团聚。戏曲歌颂的是三娘的"义"，老薛保的"忠"和倚哥的"孝"，这出《三娘教子》在中国民间流传很广，影响也很大，在银饰、版画、刺绣、荷包、剪纸、木雕建筑、长命锁中都以不同的形式和不同的工艺技巧来描绘这一故事。

《西厢记》也是中国戏剧史上影响很大的一出戏。《西厢记》故事最早源于唐代元稹的传奇小说《莺莺传》，书生张珙与同时寓居在普救寺的已故相国之女崔莺莺相爱，在婢女红娘的帮助下，两人在西厢约会，莺莺终于以身相许。后来张珙赴京应试得了高官，却弃了莺莺。像这样的古代爱情故事，留下的很多，如《杜十娘怒沉百宝箱》《棒打薄情郎》《铡美案》等。唐代的《西厢记》，是一出爱情悲剧。唐代以后这个爱情故事的结局，又令许多人感到遗憾和不满，在民间的流传过程中，结局逐渐发生了变化。金代出现了董良（一说为董琅）所写的诸宫词《西厢记》，加入了很多人物和场景，最后结局改为张生和莺莺不顾老父之命，双双出走投奔白马将军，由其做主完婚。元代大戏剧家王实甫基本根据这部诸宫将《西厢记》改编成多人演出的剧本，使故事情节更加紧凑，融合了古典诗词，将结尾改编成老妇人妥协，答应其婚事的圆满结局。《西厢记》最突出的成绩就是从根本上改变了《莺莺传》的主题思想和莺莺的悲剧结局，把男主人公塑造成在爱情上坚贞不渝、敢于冲破封建礼教的束缚，并经过不懈的努力，终于得到了美满的结果。剧本的改动，使剧本反封建倾向更显明，突出了愿普天下"有情人终成眷属"的主题思想。

《西厢记》爱情故事在中国民间已流传千百年，不论是公侯之家还是蓬门小户，"待月西厢下，疑是玉人来"的传唱不绝。尤其在长命锁的设计上，使用更为广泛。本书中有几款长命锁是反映《西厢记》故事场景的，锁上錾刻图案格局安排均疏密有致，人物形象饱满，动态传神，极富艺术性。其中大项圈锁的錾刻工艺、装饰局部、左右对称、顾盼有情、走錾线条、纹饰严谨都十分到位，尤其是人物神态紧扣故事情节，通过几个层次的组合安排，使画面人物主次有序、虚实相生，实为精绝之作。不但传承了中国的戏曲文化，也表现了金属工匠的高超技艺和超凡匠心，也只有优秀的作品才会荡漾出灵气和思想。当笔者写这本书的时候，一手拿笔，一手拿锁，边赏边写，看着这些传神的故事，赏着这些传神的工艺，思绪万千。

《白蛇传》也是中国戏曲著名曲目之一。传说修炼千年的蛇妖白素贞，为了报答书生许仙前世的救命之恩，化为人形来到人间，后遇到青蛇精小青，两人结伴同行。白素贞施展法力，巧施妙计与许仙相识，并嫁给他。金山寺和尚法海告诉许仙白素贞是蛇妖，许仙半信半疑。后来许仙按法海的办法在端午节让白素贞喝下带有雄黄的酒，白素贞酒后现出原形，吓得许仙昏死过去。白素贞上天庭盗取仙草将许仙救活，即民间传说之一"盗仙草"。

后来，法海将许仙骗到金山寺软禁起来，白素贞同小青一起与法海斗法，水漫金山寺，却因此伤害了很多无辜的生灵。白素贞触犯了天条，在生下孩子后被法海收入钵内，镇压于雷峰塔下。白素贞的儿子长大后得中状元，到塔前祭祀，将娘亲救出，从此全家团圆，也是有关民间传说的剧目《状元祭塔》。

本书中长命锁的白娘子是被镇压在雷峰塔的下面，后来的状元祭塔也是有雷峰塔的画面，银匠们即要尊重戏剧的原作又要调动艺术造型的形式功能，强调艺术形式的装饰性和艺术内容的象征性，在有限的空间内以小见大，仅在方寸之间营造出浓荫密布的感觉，更重要的是通过锁上的装饰内容，来表达心中的美好愿望。

还有关公千里走单骑、护嫂寻兄、过五关斩六将等，在民间均是忠义的象征，有诗赞曰："挂印封金辞汉相，寻兄遥望远途还。马骑赤兔行千里，刀偃青龙出五关。忠义慨然冲宇宙，英雄从此震江山。独行斩将应无敌，今古留题翰墨间。"关公在民间被视为圣人，民间的传统艺术形式中，多以此为题材加以表现。中国的民间艺人为了养家糊口，就是靠过硬的手艺维持生计。所以既要掌握精良的工艺技巧，又要领会传统文化的精髓，还要揣摩世人的心态，以良好的手工技艺保证传统文化的传承，还要满足购长命锁人的要求，以符合世人的现实功利需求。他们把自己的心血，把自己的祝福奉献给世人，用自己的智慧装饰人们的物质和精神生活。

本书中的很多大锁都很夸张，装饰以人物故事为主的也不在少数，如"带子上朝""三娘教子""多子多福""四世同堂""连生贵子""五子登科""榴开百子"等。旧时的中国社会，人们的祈寿、祈福、祈禄文化和这些主题永远离不开，多子能保证家庭经济的发展，多子能促进物质生产，多子还能创造物质财富。对于人生长寿、福禄和生命的珍惜都与子嗣繁衍分不开。笔者认为，长命锁不单单是保命锁，也不单单是一种装饰，它还寄托了古人对生活的追求，更是从一个特殊的角度折射出中国社会历史发展的轨迹。由于民间首饰有着广大的群众基础，因此在民间广为流传，极具生命力。

清代到了乾隆盛期，建筑、木刻、刺绣、玉雕、牙雕、金银饰品、瓷器等工艺均更加精美，各种纹样也都反映了吉祥图案在民间美术品中的重要性，令人不得不惊叹民间艺术家丰富、神奇的想象力和巧妙睿智的设计构思。从本书中的长命锁中可以看出，清代的工艺非常成熟，不但款式多样，流行范围广，工艺确实也非常精湛。存世的长命锁没见过如此多的样式和造型，也没有如此多的寓意和图案，更没有像清代这样普及直至民国二百多年延续时间长，最主要的是，锁上的纹样与工艺的实施，记录了民间艺人对生活实质的感悟。因此，即使是宫廷贵族的用品，也源于民间美术这一坚实的基础。玩文化的人总是把宫廷和民间分得特别清楚，这是因为它们之间价格上的差别很悬殊，但民俗的东西确让天下百姓都在追逐，量大，需要的人多，涉及整个民族。一个民族喜爱的东西和极少数宫廷贵族的爱好是无法相比的。也可能这就是人们常说的，萝卜白菜各有所爱吧。宫廷贵族的首饰笔者也收藏接触了不少，金钗、金扁方、金手镯、金长命锁、镶嵌珠宝的凤冠、耳坠等饰品。除了精致，多了一份欣赏，却少了一份民间的生活情感，总觉得宫廷贵族的饰品过于强调形式的严谨规范与阶层等级的对应关系，少了民间饰品那种"百家锁"和其他饰品的形式，少了民间饰品"吉祥富贵"的功利，也少了民间饰品"驱鬼避邪"的作用，而这些民间打造出来的饰品虽然不太规范严谨，却构成了一个民族文化积极向上的、生动鲜活的重要内容。

首饰文化作为一门学科研究的人并不多，尤其对遗留下来的老银饰还没有被文化界所重视，但佩藏的人却很多，尤其近些年，玩老银饰的人越来越多，队伍越来越壮大，玩的人各有所爱，有专门收藏头饰品、银簪、银钗、点翠的，有专门收藏银手镯、戒指、耳环的，有专门收藏银首饰盒的，有专门收藏银扁方的，也有专门收藏银长命锁的。他们与中国的银饰文化结了缘。他们把收藏老银饰当作一种乐趣，他们的生活要求很简朴，却用大把大把的钱去买老银饰，而且在这个圈子里有不少女孩子。对于很多男士收藏或专业卖家而言，还带有投资赚钱的意思，可是对一些女孩子而言，这些东西是首饰，是最爱的宝贝，是只收藏不卖的，她们喜欢的程度，比男士还疯狂、还痴心。

很多老银饰虽然长满了锈，有的已完全看不出它真实的风采，而那些爱好老银饰的人，却很愿意下工夫把它一点一点地清理复原，就好像在挖掘一个宝藏，最后当真面貌呈现出来后，惊喜也就来了。清理老银饰，其实是项很有意思的工作。

人类在社会历史的长河中创造了首饰，首饰与人相伴，应该是最久远的文化形态之一。从最早人类佩戴兽牙、兽骨到现在穿金戴银，首饰与人类的精神世界和物质世界息息相关，那么，我们站在什么立场上研究首饰，采取什么方式研究首饰，都有待于探索，如何把这些古老的银首饰、传统工艺保存、发扬下来，是一个迫切需要解决的问题。

收藏长命锁是笔者的个人偏好，谈不上研究，就想写一部长命锁的专题书，提供一份供专家、学者参考的资料，也给那些酷爱老银饰的同仁提供一点信息，仅此而已，没有任何奢望。如果这本书能对您有所帮助，给大家带来欢乐，笔者所付出的一切辛苦，也是欢乐的。

长 命 锁

戴长命锁的老照片之一

年代　清代
地区　山西

　　这是一张清代时期官宦人家"全家福"的传世照片。后排男子均戴瓜皮帽，手拿水烟袋，当时水烟袋是男子的时尚饰物之一。

　　全家福照片上男女老幼将官人夫妇围坐中间，官人身穿龙袍，头戴官帽，脚穿朝靴，胸前挂一串朝珠。虽然照片已经泛黄，模糊不清，但依稀中仍可见到人物的面容，二十四人中，前后排竟有十一人颈上戴着项圈式长命锁。其中，老妇人头戴凤冠，年轻女子和媳妇头戴"眉勒子"，一排的三寸金莲。通过老照片，我们可见中国人曾对长命锁多么的笃信无疑，多么的重视无比，也让我们更认识到长命锁是一种吉祥的寄望，是深情的祝福，是几代人对一个新生命所寄予的厚望。

　　一把不大的长命锁上不知包含了多少深厚的民族文化和永远说不完的故事。这张依稀泛黄的老照片中，透视着长命锁已成为民间一种蔚然成风的民俗现象。长命锁虽小，但拙中藏巧，朴中显美，它以特有的艺术装饰风格和无言的吉祥图案，千百年来世世代代流传在中国民间。由此可见，长命锁寓意的不仅是长命百岁、儿孙满堂，而是全方位的，家家户户的幸福生活，而这张传世的老照片就是最好的见证。

戴长命锁的老照片之二

年代　清代晚期
地区　山西运城

　　很多人认为，长命锁只是小孩子的吉祥物。不错，它的主要佩戴者是以儿童为主，但很多项圈式大挂锁是大姑娘小媳妇戴的。不少存世老照片就是最好的证明。在甘肃、青海等地，有一种更大的长命锁，是姑娘结婚时的嫁妆，论个头比山西的项圈式长命锁还大。笔者就有几个很大的属于甘肃、青海地区的长命锁，不过不是项圈式，而是银链式。但造型都是一样的，有链、有锁，有坠饰物流苏，带铃铛。

　　图示这张属清晚期的照片。照片中人物的装束以及"三寸金莲"已表明，这是一个封建、守旧的家庭，而且是一个较富有的家族。当时能戴如此重大的长命锁，不是一般家庭所能购置得起的。

戴长命锁的老照片之三

年代　清末民初
地区　山西运城

　　一看就知道这是一张三世同堂"全家福"老照片。男子头戴瓜皮帽，身着长袍马褂。女子的装束整洁而朴实，并没有裹三寸金莲。两个孙儿戴着小项圈式长命锁。前排左一女孩戴着较贵重的项圈式三层长命锁，这种上、下三层的大型银长命锁在当时戴的人并不多。此类长命锁的工艺都很精湛，重量在300～400克之间。笔者虽藏有一些项圈式大长命锁，但三四层的也没几个。本书中项圈式长命锁多来自山西。山西是一个有着深厚文化积淀的省份，尤其运城地区，属于山西较富裕的晋南地区，给这块富饶的土地，创造了灿烂的文化和物质财富，为整个中华民族的文明史做出了卓越的贡献。笔者曾经在那个火红的年代插队于此，珍视为第二故乡。

戴长命锁的老照片之四

年代　民国初期
地区　山西太原

　　老照片中男子们的衣装鞋帽，举止动态，显得那么拘束，是没有笑容，还是不敢有笑容，个个都那么严肃，人人都那么正经，尤其女子们没有一个露齿，脸上挂着笑容，难道真是那个时代所要求的"笑不露齿"。照片中的人物好几个都戴着项圈式大长命锁。

　　清代后期，西洋摄影技术传入我国，由南方的广州、上海等地发展到北京、天津等城市。最初，照相馆是由外国人创立，逐渐发展到由中国人自己开办，当时这是一项既赚钱又时髦的生意，只有那些家境殷实的人去照相馆照相。

戴长命锁的老照片之五

年代　民国初期
地区　山西

　　这是一张旧时以市井小人物和那个时代特有的玩意儿作为拍摄背景的老照片，没有高雅的格调，没有复杂的技巧，只是朴实和忠实地记录着那个早已逝去的岁月，以及曾经辉煌过的人和物，这就是过去的老民俗、老照片留下的影子。

银魁星长命锁

年代　清代
地区　福建
尺寸　全长 39 厘米
重量　38 克

　　这种以魁星为饰牌的挂饰很少见，实际上也是长命锁的一种。魁星是我国神话中主宰文章兴衰的神。旧时有很多地方都有魁星楼、魁星阁等古建筑，尤其在闽东一带很受一些文人的崇拜。有些地区七夕这天女子拜"织女"祈求贵子，读书人拜"魁星"祈求功名。
　　拜"织女"的仪式也非常讲究而且有趣，少妇盼望喜得贵子，专门等到七月七回娘家拜"织女"，少则三四个，多则七八个已嫁且未生子的少妇组织起来联合举办。举行仪式时，于月下设桌，桌上摆有桂圆、红枣、花生、瓜子等，然后把一些鲜花插在花瓶里，花前放一香炉，少妇斋戒一天，沐浴停当，焚香礼拜，然后围坐于桌前，一面吃着桂圆、花生，一面朝织女星座默念自己的心事。希望织女星赐予恩惠，祈盼早生贵子。
　　而"魁星"系北斗一星座名，据说此星生于农历七月初七，并主管"文事"，所以当地文人每到七夕这天就会拜祭它，以求功名。他们先用纸糊一魁星，左手拿一吉祥物，右手执笔。在烛月下挥笔，鸣炮焚香礼拜，然后玩一些取功名的游戏。以桂圆、榛子、花生代表状元、榜眼、探花，以一人手握三种干果各一颗，往桌上投，随它自行滚动，某种干果滚到谁跟前停下来，那么谁就中了状元、榜眼或探花。未得者到就重新投，这叫"复考"。如果都投中称"三及第"，投不中叫"落第"，下一次再投，直到取得功名为止。
　　这些活动，虽有些迷信色彩，又有些游戏味道，但通过这样的形式，可以看到人们对祈求功名利禄、夫荣子贵的强烈愿望。
　　中国的银饰品，只要有图案，就有故事。这些习俗，在我国民间广为流传，表达了人们祈求平安吉祥的愿望。

银人物纹八角形长命锁

年代　民国初期
地区　湖南
尺寸　全长 42 厘米
重量　62 克

　　该长命锁正面为人物故事，背面为八卦纹饰镂空工艺，边饰为珐琅彩装饰。类似这样的装饰很多，但与其他锁的不同之处为下坠三个吉祥物，有着很深的文化寓意。左起第一是毛笔，第二是算盘，第三是笏板。

　　（1）毛笔是文人必不可少的工具之一，笔、墨、纸、砚，合称"文房四宝"。据说毛笔是很有灵气的，南朝时梁有一个叫纪少瑜的，少年时曾梦见有人送他一支五彩笔，从此以后，文章写得大有长进。唐朝大诗人李白也曾梦见自己所用的笔头生花，从此才情横溢，笔下生辉。南朝大文学家江淹，梦见有人送他一支五彩笔，自此，江淹诗文显闻于世，被后人认为是最有才思的文学家。因此说，毛笔具有灵气，可以心想事成，在南方一些城市自古有在家门前挂毛笔之风。有一种说法，门上挂毛笔，家里定会出文人。图示这件银八卦锁就是一个岁盘，小孩抓住了笔，预示小孩长大后是个文才。再从民俗上说"笔"与"必定"的"必"谐音，所以图案中有笔表示读书人科考必定高中，且榜上有名。

　　（2）算盘，在很多吉祥挂件中常常碰到，它是吉祥物，也是希望进财的一种向往。在小孩满周岁时，岁盘里摆放就有算盘，小孩抓到算盘，表示小孩长大会做生意当商人，商人的算盘珠子噼啪一响，金银财宝滚滚而来。

　　（3）笏板，是中国古代大臣上朝谒见皇帝时所执的狭长板子。一般都为象牙制品，也有用玉、竹片制成的，因官级而异。西魏以后，五品以上通用象牙笏，六品以下用竹木笏，天子用玉笏。不同材质的笏为官阶、地位的象征，有祥瑞之意。唐朝大将军郭子仪六十大寿时，七子八婿和很多朝中大臣来给他祝寿，笏板放了一床，"满床笏"之说由此而来。

　　小小一把长命锁，不但承载了父母的希望，还蕴含着如此深厚的中国文化。因此，民间将长命锁视为吉祥之物，代代相传。

银元宝形刘海戏金蟾长命锁

年代　清代
地区　北京
尺寸　全长 45 厘米
重量　56 克

　　金蟾只是民间传说中一只三足的大蟾蜍，得之者无不大富。外号海蟾子的神仙刘海，与金蟾有着某种特殊关系。刘海即唐末五代时后梁进士刘操，最初在燕王刘守光手下为相，后得吕洞宾点化，顿悟人生浮华，遂尽散钱财，随吕洞宾入陕西终南山。民间传说刘海撒金钱的故事越来越神，到后来在戏曲中变成了"刘海撒钱""刘海戏金蟾""刘海步步钓金钱"，刘海在图案中是蓬头赤脚仙童的样子，手执串有金钱的绳索，戏逗着寓意财富的三脚金蟾。因为是仙童撒金钱，后来人们就视刘海为赐福和降财的神仙。
　　刘海戏蟾图案应用广泛，瓷器、木器、家具及竹木牙角雕刻，尤其在各种荷包、金银首饰中应用最多，寓意致富、财源兴旺。

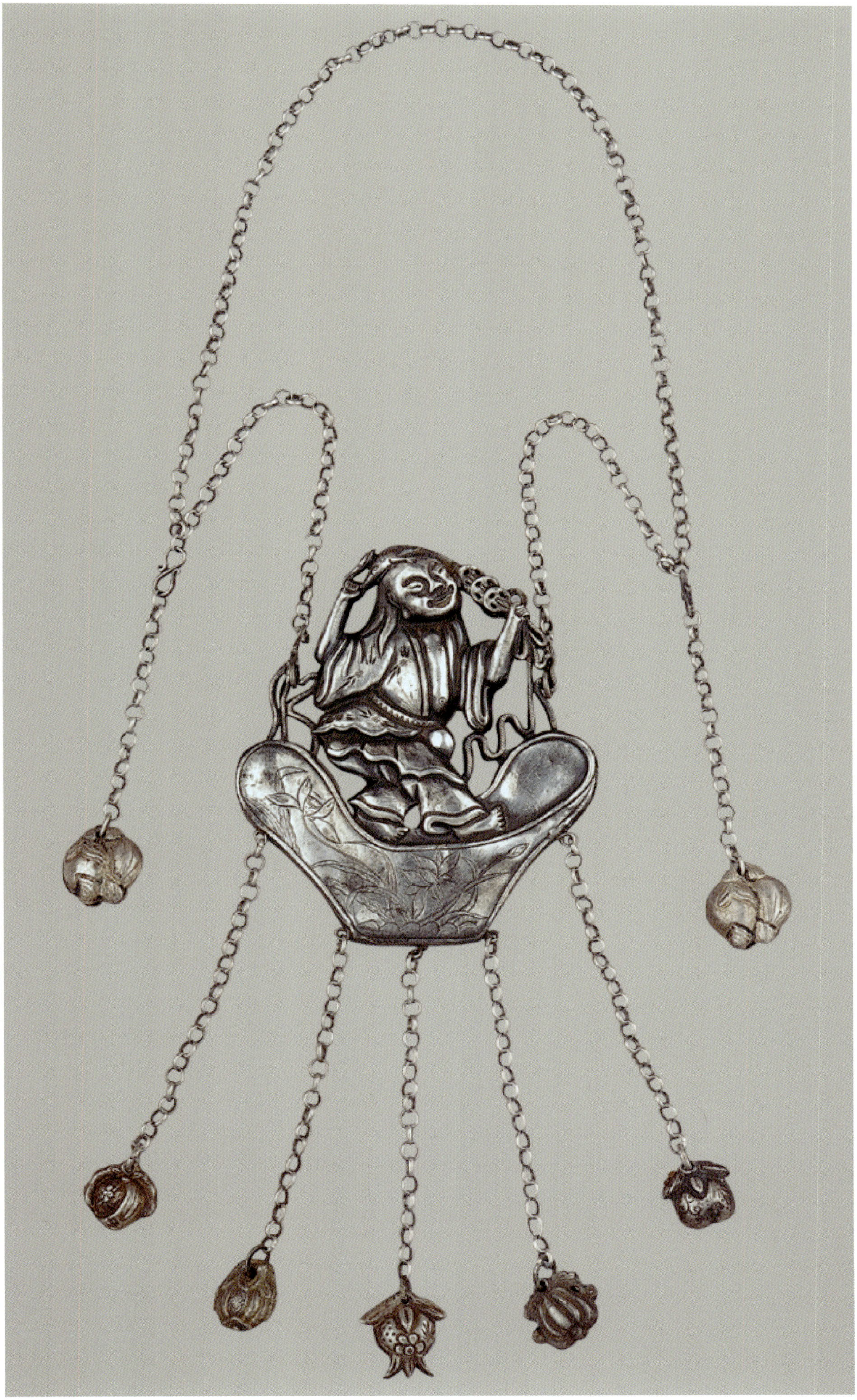

银十二生肖猪纹长命锁

年代　民国初期
地区　河北
尺寸　全长37厘米
重量　72克

多式银珐琅彩长命锁

年代　清末民国
地区　山东　河南
尺寸　全长 26 ~ 36 厘米
重量　22 ~ 32 克

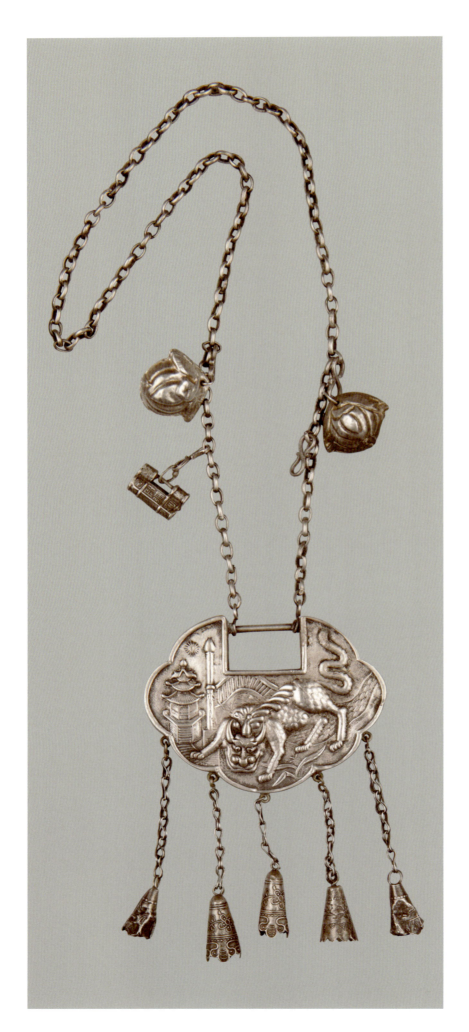

银如意形十二生肖虎纹长命锁

年代　清代晚期
地区　河北
尺寸　全长 38 厘米
重量　72 克

　　十二生肖是中国最早的纪年方法，用十二种动物与十二地支相配，子为鼠，丑为牛，寅为虎，卯为兔，辰为龙，巳为蛇，午为马，未为羊，申为猴，酉为鸡，戌为狗，亥为猪，于是就以人之出生年份配属该动物，故也称十二生肖或十二属相，其排列次序固定，不得变动。十二生肖的运用范围很广：建筑、木雕刻、剪纸、压胜钱（亦称厌胜钱、押胜钱）、金银首饰，尤其是儿童的虎头衣、虎头帽、虎头鞋、虎头肚兜等在民间广为使用，已成为不可缺少的题材。

银镂空童子骑虎纹长命锁

年代　清代晚期
地区　山东
尺寸　全长 36 厘米
重量　68 克

　　我们所见传世的童子执莲骑麒麟的长命锁比较多，而持莲骑虎的却很少，显然这是一个十二生肖造型的长命锁，是为了纪念孩子的年号属相而打制。或许还有另一层意义，因为虎历来被称为"百兽之王"，虎的威猛是勇气胆魄的象征，它可以镇祟辟邪。总而言之，"虎"也是民间图腾崇拜的圣物，图腾崇拜的各种标志图形为人类最早的吉祥图案。这些图案反映了中国民间五花八门、多姿多彩的社会风貌。

银元宝形天仙送子长命锁

年代　民国
地区　山东
尺寸　全长 35 厘米
重量　46 克

　　所谓"天仙送子"是由"麒麟送子"演变而来。出于功利目的而信神、供神，是中国民间信仰的重要特点，不论何种神，只要符合自己的需要，皆为供奉之列。天仙是送子神，传说观世音菩萨能保佑妇女生育，在民间被称为送子观音，也是中国民间广受崇敬的神仙之一，善良的中国人笃实地相信这些古老的传说。天仙送子的含意是祈求聪慧仁厚的子女出世后，有神灵庇护孩子健康成长。

　　因此在长命锁中，有不少类似的图案。

银纳祥童子长命锁

年代　民国
地区　山西
尺寸　全长 33 厘米
重量　62 克

　　旧时，中国的传统观念是早立子嗣，多生儿女，子孙满堂。
　　多子多福是每个家族、氏族的最大希望。不孝有三，无后为大，将不能生儿育女视为最大的不孝，所以吉祥图案中有很多与儿童相关的。常见的有麒麟送子、瓜瓞富贵、榴开百子、天仙送子等，都是表现儿童的图案，虽然是一种祝颂词，民间多以这种方式美称赞扬别家的孩子，都是期盼喜得贵子的寓意。
　　该锁也是有关童子图案中的一种，是吉祥物。民间称为纳祥童子，像"一团和气"等图案一样给人吉祥的祈愿，往往这些图案造型刻画的童子都显得活泼且有趣可爱，尤其在中国的版画上类似图案很多，多贴于门窗和屋内。

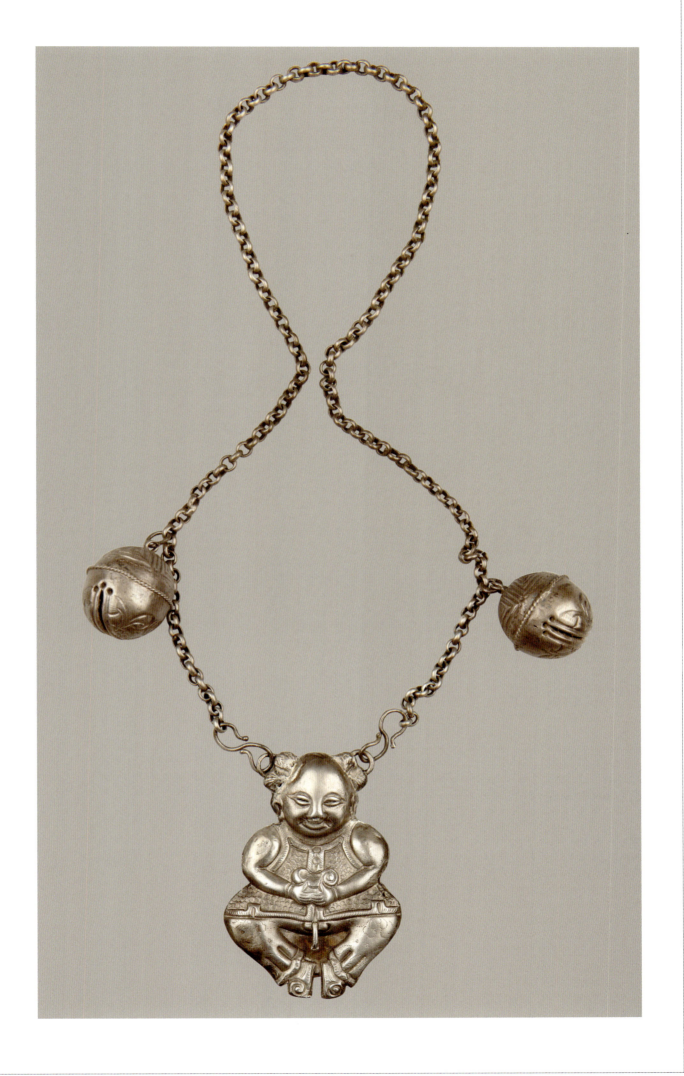

银如意形福禄寿三星高照长命锁

年代　清代晚期
地区　福建
尺寸　全长 35 厘米
重量　78 克

　　该锁的正、背两面均为人物，正面为"三星高照"，背面为"状元回家"。
　　"三星高照"也称"三星拱照""三星在户"。由福星、禄星、寿星三位神仙组成。民间传说他们分别主管人间的福、禄、寿。福星司祸福、禄星司富贵贫贱、寿星司生死。定做这把"三星高照"的银锁，寓意有神仙保佑孩子，定会阖家幸福，长寿，也是人们对生活美满的追求与向往。本锁也可以这样理解，有三星高照，因而孩子长大能考中状元。在考中状元后，骑着大白马，前后鸣锣开道，人称"状元回家"。

银刘海骑麒麟长命锁

年代　清代
地区　北京
尺寸　全长 38 厘米
重量　68 克

　　麒麟送子在长命锁类型中很多，虽然在造型工艺上有所不同，但寓意是相同的。工艺和造型上的些许差异，却能让人印象深刻，过目难忘。

　　麒麟送子有银烧珐琅彩的，有鎏金的，有百家姓的，往往这类锁都给人留下较深刻的印象，因为它比其他麒麟锁多了一些装饰上的工艺，更有审美效果。通过对吉祥图案装饰上的观察，体验领悟多彩形式工艺的实施，让我们充分感受到这些文化现象中所隐喻的内涵和审美取向，也体现出中华民族传统文化的源远流长。

　　造型上的特殊会给人留下一种难忘的感觉。图中这件麒麟锁就是少见的一种造型。多数麒麟锁都是手执莲花或如意，而这把麒麟锁则是一手舞金钱，一手执金蟾。造型别致，新颖独特，主题明确，形象生动。往往越是看过好首饰或长命锁，越是时常想起它。

银如意形和合二仙长命锁

年代　清代晚期
地区　北京
尺寸　全长 33 厘米
重量　42 克

和合二仙被民间视为欢喜之神。据《事物原会》载：和合神乃天台山僧寒山与拾得也。两人均为唐代著名诗僧，其诗作被后人集录成卷。民间传说有寒山、拾得二人，异姓而亲如手足，同爱一女而互不知。寒山临婚前始悉情由，乃弃家去苏州枫桥削发为僧，而拾得也因此舍家前往枫桥，二人相遇喜极，遂同出家为僧，开山立庙，庙称寒山寺。故此，在江南地区广为流传，寓意好合、和睦之意。

银十二生肖虎头狮子纹长命锁

年代　清代晚期
地区　山东
尺寸　全长 37 厘米
重量　69 克

　　虎的威猛有力，为人所羡慕。从古至今，关于虎的词组很多。比如，"虎将"比喻将军英勇善战，"虎子"比喻儿子雄健奋发，"虎士""虎夫"比喻英雄好汉，威武雄壮的步伐称"虎步"，地势雄伟险要称"虎踞"，豪雄人杰、奋发有为称"虎啸风生"。在古代，"虎符""虎节"为调兵遣将的信物，是兵权的象征。就连民间，老百姓给孩子起名都叫"虎娃""虎妞"，比喻结实粗壮。《说文》这样介绍："虎，百兽之君也"。《风俗通》中也说："虎为阳物，百兽之长也。"正因虎有如此多的说法，中国民间才有如此多的虎的吉祥图案。

　　而这把长命锁在虎锁的上面又加了两个狮子，更加强了虎锁的力量，因为狮子也称百兽之王，比虎还凶猛。狮子取义镇宅驱邪，也是官府威势的象征，寄寓太师、少师之意，明清时期的补服绣有狮子，为二品武官的标志。

银十二生肖虎头纹长命锁

年代 清代晚期
地区 山东
尺寸 全长 32 厘米
重量 58 克

银麒麟送子鱼纹长命锁

年代　民国初期
地区　北京
尺寸　全长36厘米
重量　88克

　　麒麟背驮一手拿莲花的童子是长命锁中最多的一种。谁都知道麒麟是中国吉祥图案中四大瑞兽之一，人们以"麒麟儿"来比喻仁厚贤德和富有文采的子孙，在民俗信仰中，麒麟不但能送书，又是送子嗣的吉祥兽。民间传说，孔子能为圣人，就是麒麟给孔子吐出了很多书，孔子得书之后，才成为孔圣人。所以，麒麟送子深受民间百姓的喜爱。有意思的是，长命锁下有五串鱼，其实人类和鱼的关系一直都很密切。在长期的历史发展中，人们形成了一些鱼的观念，这种观念以各种方式体现于民俗艺术等方面。如"连年有余""双鱼吉庆""吉庆有余""渔翁得利""富贵有余""如鱼得水"等，都是寓意生活的富裕美好，鱼在此谐音是"余"音，中国人喜欢的就是"年年有余"，这是祖辈传下来的吉祥语。古有"鱼化龙""鲤鱼跳龙门"的故事，传说鲤鱼跳过了龙门就变成了龙，自古人们就给鱼附上了一层神秘的色彩，因此，鱼在中国民间是吉祥物。

银三娘教子长命锁

年代　清代
地区　山西
尺寸　全长 42 厘米
重量　202 克

　　"三娘教子"是历史故事，明代有个叫薛广的儒生娶妻张氏、妾刘氏、王氏，因妻妾不和，外出经商。忽传薛广命亡，妻张氏、妾刘氏相继改嫁。唯独三娘王春娥与老仆薛保艰苦度日、省吃俭用抚养刘氏所生之子倚哥。倚哥渐渐长大，知道三娘不是自己的亲娘，不服三娘管教，王春娥气愤之下在织房立断机布教子，只讲得倚哥低头认错。之后，倚哥苦读诗书，应试中举。

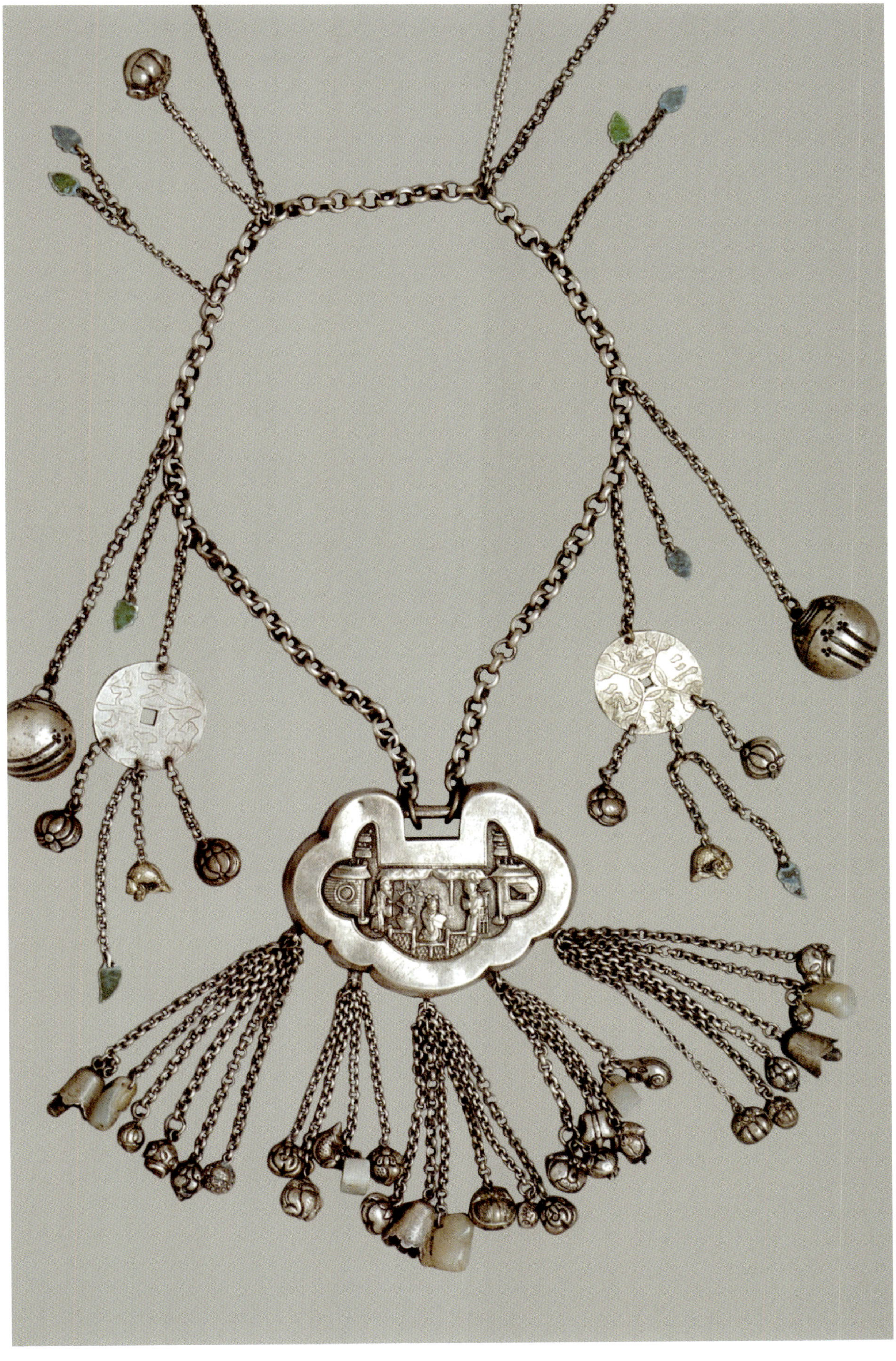

银如意形珐琅彩寿字纹项圈式长命锁

年代　清末民初
产地　广东
尺寸　全长 26 厘米
重量　86 克

　　这是一把 3～7 岁儿童戴的锁，重量不轻不重很适合这个年龄。项圈为素圈。锁采用掐丝工艺、烧彩。造型为如意云头形。上下花卉纹，中间突出寿字，左右两边各一只蝙蝠，是家喻户晓、尽人皆知的吉祥符号。
　　中国传统观念中所谓"五福"中占据第一位的就是寿。吉祥图案"五福捧寿"为五只蝙蝠围绕寿字的纹样，寿占中心，而该图中这个"寿"字两边各有一只蝙蝠，也是福寿纹中的一种，这种装饰在长命锁中较为普遍。

银珐琅彩人物花卉纹项圈式长命锁

年代　清代中期
地区　山西
尺寸　全长　25 厘米
重量　200 克

　　该珐琅彩项圈式长命锁以人物形象作为主题，在长命锁中，它是中国传统纹样中不可或缺的图案，是对人的自我肯定。作为社会主题的人，从审美意识和宗教意识诞生开始，便将人的形象用于器物的装饰。

　　人物纹样的发展与人类社会的进步有着千丝万缕的联系，古时科学不发达，人们只有通过绘画、器物或戏曲来表现，非常有局限性。随着社会的进步，到了唐宋以后，人物纹样中的形象越来越具体、生动。到了明清时期，人物纹样的运用达到了顶峰，尤其是金银首饰上的人物，除了各种神仙人物之外，同时出现了很多戏曲故事人物和历史人物。本书中有很多长命锁上的人物纹，就是最具体的体现。

银如意形麒麟送子狮子纹项圈式长命锁

年代　清代晚期
地区　山西祁县
尺寸　全长32厘米
重量　200克

在众多五花八门、纷繁复杂的长命锁世界里，麒麟锁是最为常见的一种。

麒麟是我国古代神话传说中的神奇兽，其首似龙，形如马，状比鹿，尾若牛尾，麒有独角，麟无角，口能吐火，声音如雷。它武而不为害，不伤生灵，不折花草，是人们心目中极为喜爱的祥瑞仁兽。民间有"麒麟送子"之说，意思是麒麟送来的孩子，长大后必然是贤良之才，高官厚禄。这亦是每位父母对孩子美好未来的祈盼。因此，麒麟长命锁在中国这块大地上流传最为广泛。官员朝服上也采用麒麟图案。清代武一品官服所用补子就是麒麟图案。

银如意形福寿双全项圈式长命锁

年代　清代晚期
地区　山西平遥
尺寸　全长 30 厘米
重量　260 克

　　据历史记载，唐朝大将军郭子仪（今陕西人），平定安史之乱立了大功（《安禄山·史思明》），拜为兵部尚书，又封汾阳君王，后尊为"尚父"。他有七子八婿，各具荣华富贵，从古至今受到人们的仰慕。人们称他是高官权位，福寿双全。
　　此锁粗犷而大方，工艺极其精巧，尤其是人物的刻画，不论是开脸、衣纹手势，还是神态皆十分规整，是一个很有功力的匠人所作。长命锁和项圈连接为一体，不单单只是一个长命锁，更是一件可戴、可把玩、可欣赏的艺术品。

银对弈纹长命锁

年代　清代晚期
地区　山西
重量　256 克

　　对弈纹长命锁有多几种形式，如夫妻对弈图、高士松下对弈图、二老对弈图等，而最为知名的就是高士松下对弈图。
　　琴、棋、书、画是中国古代文人雅士的必修课程，与此有关的技能体现着人的素质和修养。其琴为雅品，书为艺品，画为情品，而弈者实为智品也。下棋是修身养性的娱乐，更是智慧的体现，而最有名的就是高士松下对弈图。
　　别看只是一件普通的长命锁，但上面的图案里面却蕴藏的是我们世代相传的民族精神、优秀文化与动人的传说故事。

二式银如意形棒打龙袍长命锁

年代　清代晚期
地区　陕西
尺寸　全长 32 厘米
重量　38 克

　　《打龙袍》是京剧传统剧目。讲的是宋代包拯奉旨陈州放粮，在天齐庙遇一盲丐妇告状，诉说当年宫中秘事。原来此妇便是真宗之妃，是当朝天子之母，并有黄绫诗帕为证。包拯当即答应代其回朝辨冤。回京后，包拯借元宵观灯之际，特设戏目指出皇帝不孝。仁宗大怒，要斩包拯。经老太监陈琳说破当年狸猫换太子之事，才赦免包拯，并迎接李后妃还朝。李后妃要责惩仁宗，命包拯代打皇帝。于是包拯脱下皇帝的龙袍，用打龙袍象征打皇帝。京剧剧目《赵州桥》《断后》，还有《遇后龙袍》说的都是这个故事。

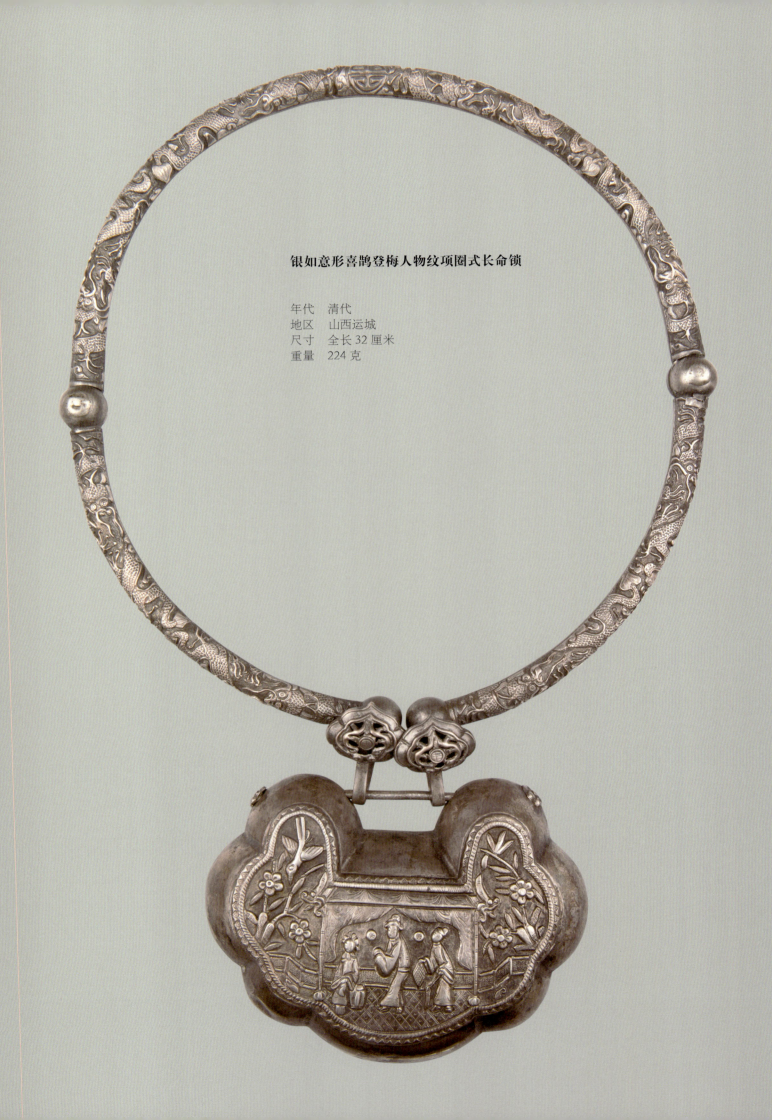

银如意形喜鹊登梅人物纹项圈式长命锁

年代　清代
地区　山西运城
尺寸　全长 32 厘米
重量　224 克

银镶翠长命锁

年代　清代晚期
地区　北京
尺寸　全长 36 厘米
重量　78 克

　　翠锁为如意云头造型，外围用银包裹，上端用两个银狮子头作为点缀。由于狮子的威猛，具有很大的威慑力，镇邪驱祟。此外，狮子在佛教文化中占有一定的地位，这也给狮子增添了神圣、吉祥意义。佛教经典喻佛为狮，《大智度论》中云："佛为人中狮子。"世人常以此比喻出类拔萃的人。宋代，僧人于重阳节举行的法会称"狮子会"。常侍于佛之左右的文殊菩萨以狮为坐骑，被称为"妙德""妙吉祥"，为智慧的象征。一把锁承载着如此之多的美好寓意。因此，此锁在民间民俗文化中是送给孩子的最好吉祥物。

二式银镂空福寿纹长命锁

年代　民国
地区　山东
尺寸　全长 30 ～ 33 厘米
重量　32 ～ 40 克

　　长命锁多以项圈或长银链连接组成。
　　锁寓意"锁住"孩童，看护生命。锁面多镌刻"福""长命富贵""吉祥如意"等吉祥文字，但也有很多是用小动物、果瓜纹等代替吉祥寓意。
　　此二式长命锁为镂空工艺，两边均为蝙蝠，下方一桃。蝙蝠的"蝠"与"福"谐音，桃象征寿，因此该锁被称为福寿纹长命锁。

银渔翁得利纹长命锁

年代　清代
地区　山西
尺寸　全长 35 厘米
重量　70 克

　　对于商人来说，多偏爱渔翁垂钓而获大鱼的图案。或者是人们常说的"鹬蚌相争，渔翁得利"的年画。这种年画在旧时多悬挂在店铺的中堂或用于门面的吉祥图上。作为长命锁戴在颈上的鱼图案也很多，如小孩抱大鲤鱼的长命锁，称"连年有鱼"；鲶鱼和大橘子或雄鸡配图，称为"年年大吉"。因为从字的谐音来讲，鲶鱼的"鲶"与"年"同音，大橘子的"橘"与"吉"同音。还有渔翁售鲤，称为"家家得利"，鲤鱼的"鲤"和"利"谐音，得鲤鱼的寓意就是"得利"。"家家得利"，更是众人皆大欢喜的题材。其实人类和鱼的关系十分密切。在长期的历史发展中，形成了许多有关鱼的观念，这种观念以各种方式体现于民俗艺术方面和各种吉祥图案之中。

银三元五子纹长命锁

年代　民国
地区　山东
尺寸　全长35厘米
重量　52克

　　唐初人才取用采用考试制度，科举制度的考试繁难，经县、府、省、京师各阶段的考试，全国竞争的士子很多，能连试皆捷，就是连中三元，即考中解元、会元、状元，每次都得第一名，可谓喜上加喜，人中之龙。

　　五子说的是五代后晋时窦燕山，教子有方的故事，管教子女很严，后五子相继登科。当时五朝元老名相冯道赠以贺诗，"燕山窦十郎，教子有义方。灵椿一株老，丹桂五只芳。"这就是《三字经》中"窦燕山，有义方。教五子，名俱扬"的由来。

　　此后，"五子登科""五子高升"成了脍炙人口的吉祥语，紧紧和连中三元的科考联系到一起。故此，很多长命锁等饰品上都有这样的吉祥语，如连中三元、三元及第、喜报三元、一路连科、状元及第等，主要是赞扬各行各业的杰出人才。

银匾牌式状元第长命锁

年代　清代晚期
地区　山西襄汾
尺寸　全长40厘米
重量　138克

　　旧时科举考试，金榜有甲乙次第之分，凡考中状元皆称"状元及第"，童子戴冠寓意着"高中状元"，童子骑于马上寓意"马上成功"，骑龙寓意昔日的鲤鱼已跃过龙门而化作龙。

　　这件状元第长命锁非常别致，用门匾的造型制作。上边两边有双龙飞舞，中间人物为"三娘教子"故事，其下为"琴棋书画"及花卉纹装饰，高低错落，层次十分分明。上面银链挂四个小铃，锁的最下方挂四个大铃，布局大气、明快。

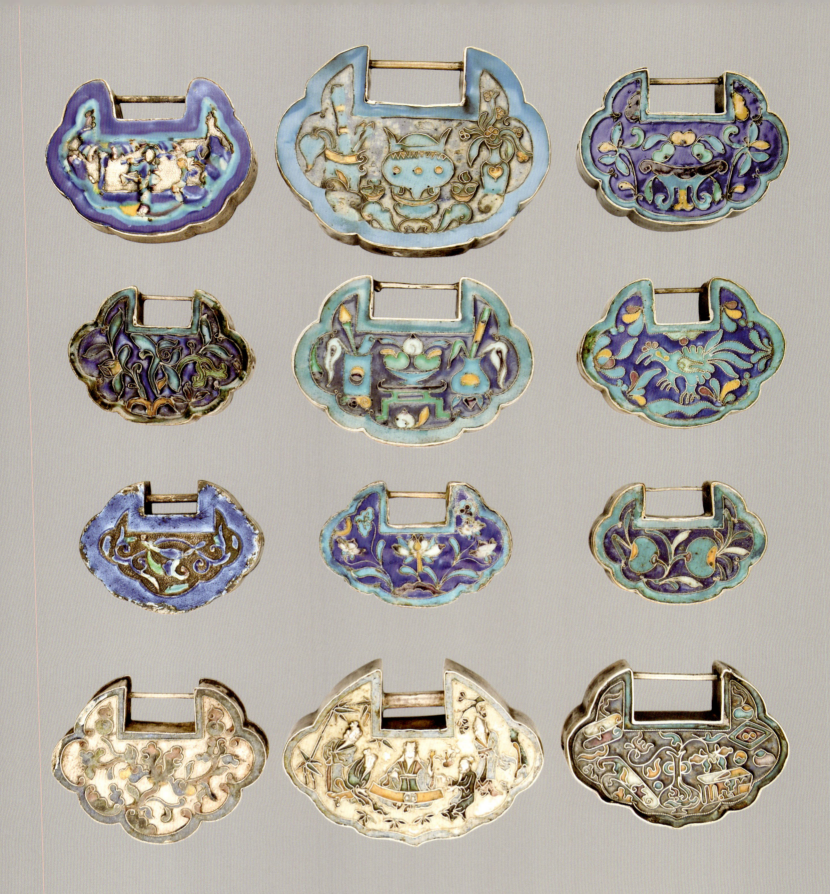

多式银如意形珐琅彩长命锁

年代　清末民初
地区　河南　河北
尺寸　高4～6厘米 宽5～9厘米
重量　10～20克

银人物纹长命锁扣牌

年代　清代
地区　山西榆次
尺寸　长5～7厘米
重量　30～36克

　　这两个是项圈式长命锁上的小扣牌，项圈和大锁已缺失。人物刻画相当精细，少妇呈坐姿，三寸金莲
刻画形象，手拿一口香长烟袋，神态自如，享受着"饭后一口烟，赛过小神仙"的生活，很有趣味性和欣赏性。
做工繁杂、工艺精湛，方寸之间将纹样表现得淋漓尽致，精美而庄重，再过百年仍为不可多得的艺术品。

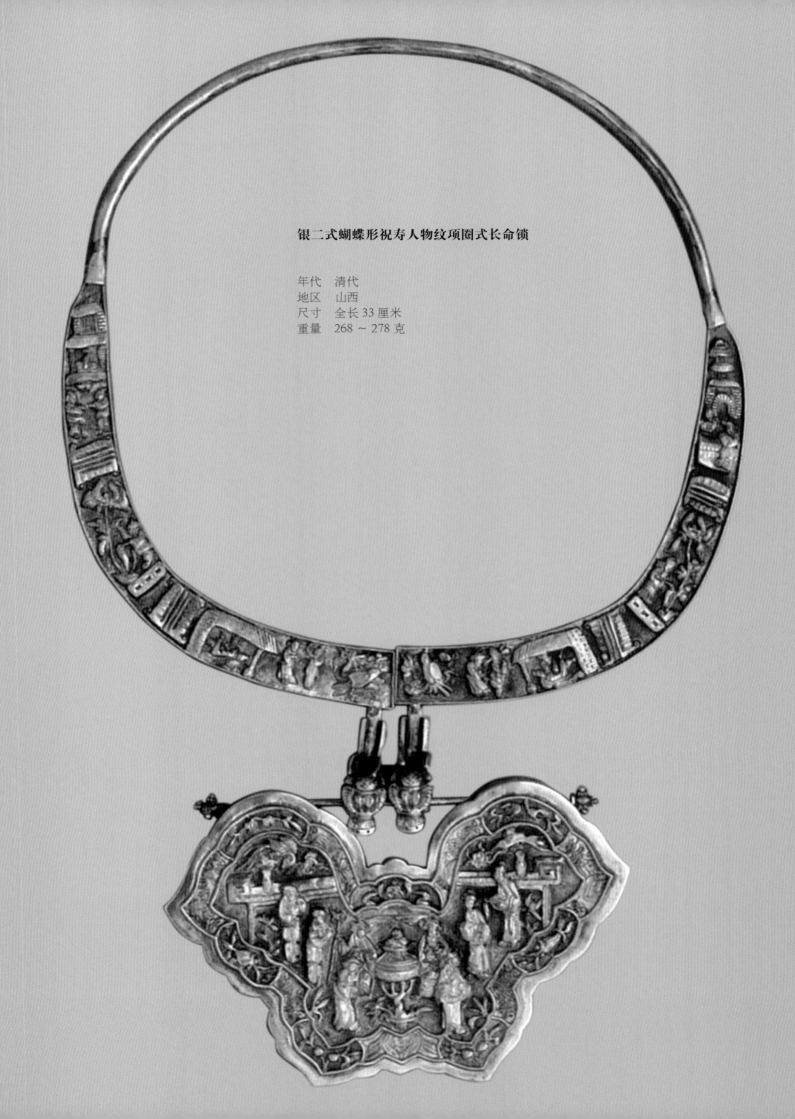

银二式蝴蝶形祝寿人物纹项圈式长命锁

年代　清代
地区　山西
尺寸　全长33厘米
重量　268～278克

银珐琅彩百家姓长命锁

年代　清末民初
地区　山东
尺寸　全长 42 厘米
重量　68 克

　　佩戴长命锁的习俗虽然早有记载，但真正大行其道的是在明清两代。品种很多，其中锁下坠百家姓的也是比较流行的长命锁之一。和其他锁不一样处，就是在锁的下面垂钓四串或五串树叶似的叶片，是北宋初年一个书生所编创。将常见的姓氏编成四字一句的韵文，姓赵，即是国君的姓为首；其次是钱姓，钱是五代十国中吴越国王的姓氏；孙为吴越国王钱俶的正妃之姓；李为南唐国王李氏。在长命锁的坠饰上，刻上多种姓氏，寓意有一百个家族在护佑孩子健康成长。特别不能缺了陈、孙、刘、胡四姓。因为这四字的谐音均为吉利，是讨好口彩的意思。笔者收藏了不少百家姓长命锁和坠有丰富坠饰的各种锁。长命锁是由链饰、钩饰、挂饰、坠饰组合而成的，其中也大有说头。文化内涵也很丰富，越好的长命锁，它的链、钩、挂、坠也越讲究。整体的美一定是与局部的美相辅相成的。长命锁和长命锁上的很多配饰都与中国悠久的历史文化有着密切的联系，这些深厚的文化积淀也是祖先给我们留下的最好财富与文化享受。长命锁上的每个吉祥图案都充分体现出中国父母对儿女的一片深情和美好期望。也正因如此，长命锁一直在民间经久不衰，传承至今。

银珐琅彩二龙戏珠长命锁

年代　民国初期
地区　山西
尺寸　全长 38 厘米
重量　98 克

　　民间艺人的丰富想象力，巧妙地将一个银元作为龙珠，经过艺术加工成为一枚"二龙戏珠"长命锁。作品充满了民间艺人的聪慧智巧，积淀了民间生活的感受。关键是从老银饰中看到了雕工的精美，看到了淳朴的金银文化，对美的执着追求，并倾注了制作者满满的情感和心血。用银钱打造的不但有长命锁，还有簪、钗、腰挂等装饰品，都是最生动的中国文化见证，真可谓收藏在民间，乐趣也尽在民间。

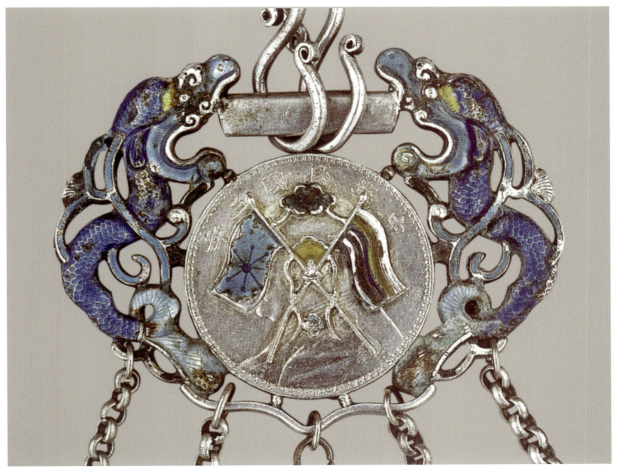

银王母娘娘长命锁

年代　清代晚期
地区　福建
尺寸　全长 36 厘米
重量　68 克

　　中国道教把王母娘娘推崇为女仙之宗，吉祥女神。传说她神通广大，有赐福、赐子、驱灾解难的法力，因此民间百姓信仰者甚多。很多百姓家庭和道教祠观都供奉王母娘娘的塑像。相传农历三月初三是王母娘娘的生日，每到此日，王母娘娘都要用她的长生不老仙桃举行蟠桃大会，诸位神仙来为她祝寿，民间也在此日纷纷到王母祠堂朝拜，祈求她赐福降福、保佑长寿。中国老百姓特别信仰王母娘娘有司寿的神通，传说嫦娥就是吃了她的长寿仙丹妙药，奔向月宫。王母的仙桃三千年一结果，食后可长生不老。美丽的传说给了世人精神无限的安慰，从古至今在为老人祝寿时都要送寿桃，借喻为王母仙桃，以求长生不老之吉利。

　　长命锁的背面是"状元回家"纹样。因为王母娘娘能赐福、赐寿，也能赐子，此锁可理解为父母为儿女祈求的实现。在王母娘娘的赐子后，孩子长大后能中状元，骑着白马，前后鸣锣开道光宗耀祖。

银珐琅彩福寿双全长命锁

年代　民国初期
地区　山东
尺寸　全长 40 厘米
重量　81 克

　　在这里，不再用重复的语言解释同样的长命锁的寓意，只想谈谈笔者对这些锁的感悟。长命锁的吉祥物是儿时的记忆，也是中国人文明的真实写照。我国劳动人民在长期的生产和生活实践中，根据事物的某种属性或谐音，赋予其一定的意义，产生了这些充满欢乐、吉庆的图案很容易为人所接受，因为每个图案都是吉祥的，虽然只是一种慰藉、一种美好的幻境，却带给人们无限盎然的春意和喜气。

银珐琅彩猫戏蝴蝶长命锁

年代　民国初期
地区　山东
尺寸　全长 39 厘米
重量　82 克

　　猫蝶是吉祥图案中常见的画面，因猫、耄谐音，猫寓意"耄"字，耄耋二字都是高龄的含义。
　　《礼记》："八十、九十曰耄。"《说文》："年八十耋。"如加上牡丹花配图，也可称富贵耄耋，寓意富贵长寿，亦即"富贵双全"之意。
　　如果画面光是牡丹和猫，吉祥图可称为"正午牡丹"。因为牡丹是花中之王，不论入画、摆设，均是表现富贵荣华的象征，初夏正午，是牡丹盛开最好的时刻，而猫的眼睛到了中午就变成了1字，而钟的两针都指向正午十二点。中午是阳光最旺的时刻，也是牡丹盛开的时刻，寓意"富贵花开"。正因为有这些美好的寓意，猫和蝴蝶、猫和牡丹常在一起组图，类似这样的题材很多，如"白头富贵""功名富贵""富贵长寿""富贵平安"等。也正因为这些吉祥图案和人们的审美完美地结合起来，而成为我国传统文化艺术的珍贵遗产。

银珐琅彩花篮长命锁

年代　民国初期
地区　山东
尺寸　全长 42 厘米
重量　87 克

银珐琅彩人物瓜果纹项圈式长命锁

年代　清代晚期
地区　山西平遥
尺寸　全长 26 厘米
重量　105 克

九式倒挂毛驴长命锁

年代　国民
地区　山西
尺寸　全长 2 ~ 6 厘米（不含链）
重量　4 ~ 14 克

　　银饰中常常看到一些倒挂毛驴的题材，其实也是吉祥物的一种，民间倒挂毛驴有三种说法：

　　（1）可以把驴子看作是马，马倒过来可称马到成功，寓意事事顺利，大有作为。

　　（2）倒驴锁是为了不让婴儿晚上啼哭。有的婴儿白天睡觉，晚上不停啼哭，不仅影响大人休息，也不利于婴儿成长，因此，在过去有人说，把驴的蹄子捆住。"蹄"与"啼"谐音，即捆住蹄子，制止啼哭。在陕西、山西、山东等地区就有一种传统，打制银制的毛驴饰品戴在小孩身上，其目的就是为了不让小孩在晚上啼哭。

　　（3）"金榜屡题名"，驴的谐音是"屡"，"啼鸣"的谐音是"题名"，意思是把驴蹄子捆住，驴必然会不停地啼鸣（题名），故称"金榜题名"，寓意孩子长大必有大出息，榜上有名。

多式银长命锁

年代　清末民初
地区　山西　江西　南昌　河北
尺寸　全长 3 ～ 6 厘米
重量　8 ～ 19 克

银如意形福禄寿纹长命锁

年代　清代
产地　陕西西安
尺寸　全长 32 厘米
重量　115 克

　　长命锁的种类题材多种多样，大多为一面吉祥图案，一面吉祥词语。该锁的装饰主题，正面为福禄寿，背面文字为当朝一品。
　　银锁的正面錾刻十分精致细微，走线工艺很到位，线条流畅，画面清晰，特别是人物的整体塑造工艺都很成熟，必是老艺人的手艺。无论是人物衣纹转折，云纹堆叠，都充分显示了非常成熟的技巧功力。
　　银锁上方两只蝙蝠在祥云中飞舞，在吉祥图案中称喜相逢。有一只鹿顺从地跟随着老寿星，一活泼童子手舞足蹈地在前方引路，形成一幅"福禄寿"的吉祥图。
　　银锁的背面采用了掐丝工艺，最上面左右日月两字，寓意指日高升。
　　银锁的一边有一只花瓶，寓意平安富贵。
　　银锁的下方左右有书画，代表琴、棋、书、画，寓意天下太平。
　　银锁的下方正中有一个"磬"代表吉庆，还有两个瓜，代表子孙万代。
　　银锁中间有"当朝一品"。一品是官品中地位最高之意，当朝是执掌国家政务。整个银锁正反两面画面的刻画无论是蝙蝠、鹿、人物动作和神态都很明确生动。银锁反面用掐丝工艺成形的书画、磬、瓜、吉祥文字、花瓶排列有序，一丝不苟，画面的边饰也十分规整。主题明确，形象生动。这把银锁充分体现了民间艺人的聪慧，由此可以看出中国人的一生是那么的充实饱满，用这些美好的吉祥图案表达对美好生活的期盼。

三式银片形人物纹长命锁

年代　民国
地区　山东
尺寸　带链全长 30 ～ 35 厘米
　　　无链高 5 厘米　宽 8 厘米
重量　25 ～ 30 克

从左至右为:
　　（1）状元回家长命锁。
　　（2）三娘教子长命锁。
　　（3）三星高照长命锁。
　　山东的片形锁种类很多，故事性也很强，是全国片形长命锁中品种、内容最为丰富的一个种类。

四式银圆形长命锁

年代 民国初期
地区 山西
尺寸 带链全长 26 ～ 30 厘米
　　　无链高 5cm 宽 3cm
重量 10 ～ 20 克

　　长命锁的种类多种多样，大多为一面吉祥图案，一面吉祥词语。中国的民间艺人在造型上不断花样翻新，在工艺上表现新颖独特，以博得更多人的选购。通过精巧的手艺，质朴的形象，使这些平凡的装饰融入思想感情之中，成为中华民族文化的载体。此类圆形长命锁多出现在山西的晋中地区。

三式银岁盘式抓周八卦纹长命锁

年代　清末民初
地区　山东
尺寸　全长 32 ～ 39 厘米
重量　58 ～ 110 克

　　中国民间的礼仪活动很多，丰富至极，其意义就是预示好运之征兆。抓周是中国民俗文化中的吉祥活动，也是中国小孩出生后风俗中最讲究、也最有趣的一种礼仪，有满月、百日、周岁最主要的这三项礼仪。
　　（1）孩子到满月时，主人要设丰富的宴席，款待前来道贺的亲朋好友。
　　（2）孩子满百日时，主人又把亲朋好友请来给孩子戴长命锁，避灾驱邪。
　　（3）孩子周岁时，也是中国人最普遍的风俗即"抓周"。在岁盘里以孩子抓到的物件来预测孩子的未来。
　　中国传统吉祥图案是祖先的创造，是追求美好生活、寓意吉祥，也是将吉祥寓意具象化的艺术形式。通过这些直观可视的形式，来表达人们对幸福生活的追求和对财富的渴望。

三式银岁盘式长命锁

年代　清末民初
地区　江西南昌
尺寸　全长 30 ～ 38 厘米
重量　54 ～ 82 克

　　类似这三式的长命锁，民间称岁盘，也称"抓周"。
　　岁盘内有文房四宝、秤尺刀剪、书籍、算盘等。这种风俗从古至今，无论是南方、北方，还是汉族、少数民族都普遍有之。古代称抓周为"试晬""试儿"近代称"抓周""抓生"，人们认为抓周能预测孩子一生的兴趣、志向以及人生事业、前途和命运，所以当孩子周岁时，父母都为孩子举行抓周仪式。如果孩子抓到笔，便认为将来会成为文人考中状元；抓到刀就认为孩子将来会成为武将；抓到算盘意为做生意，算盘一响，财源滚滚来。这种据有占卜性质的风俗，主要是满足家人为孩子祈福的心愿，而且旁边专门有人借题发挥，无论抓到什么都会赋予吉祥之意。
　　中国人的生活就是这样，用很多民间娱乐中的风俗，给人们带来美好如愿的祝福。

银一路连科纹长命锁

年代　民国初期
地区　甘肃
尺寸　全长 48 厘米
重量　125 克

　　图中长命锁为鹭鸶、莲花、芦花纹样。
　　"鹭"与"路"同音同声，"芦"与"路"
同音异声，而且也寓意连科（连棵），是
连续科举及第的含意。一路连科是对应试
考生的祝贺词。古时，科举考取称为登科、
乡式、会试、殿试，各级考试能连续报捷
登科的是佼佼者，一路连科就是一路顺利
的意思。该锁中有一只鹭鸶，还有两只鹭
鸶图案的，可称为路路连科，就是路路都
顺利之意。

银桃园三结义长命锁

年代　清代晚期
地区　福建
尺寸　全长 38 厘米
重量　52 克

　　中国四大名著之一——《三国演义》脍炙人口、代代相传。其中，"桃园三结义"的故事更是在民间广为传颂、成为佳话。这个故事讲述了在东汉末年的乱世中，刘备、张飞与关羽志同道合，为了自己的理想，在桃园结拜为兄弟，共同奋斗抗争。

　　中国是一个历史文明古国，具有数千年的文化积淀，这些彰显中华独特文化的故事传说也流传了数千年。这些表现故事情境、内容的图案，从产生到发展的脉络，深刻理解了中华文化的伟大魅力和辉煌价值。可以肯定地说，大多数故事都有一个产生的背景，而这些故事往往就是一段历史，一个传奇，一个哲理，而这些流传至今的长命锁就是最好的见证，也给后人们留下了极为丰富的民俗文化和永远值得研究的课题。

银双喜纹长命锁

年代 民国初期
地区 山东
尺寸 全长 36 厘米
重量 45 克

  在中国民间，人们以"喜"为"五福之一"，由此可见人们对喜的重视。喜，人们又习惯称"双喜"，它形似汉字，其实是一个吉祥图符。因由两个喜字合成，故有"双喜"之称。中国的民间艺人心灵手巧，把使用更加便捷而直观的"双喜"打成首饰长命锁，恰当地表现了人们对喜的情感。
  "囍"在日常生活、礼仪生活中的应用极为广泛。

银石榴纹长命锁

年代　清代晚期
地区　山西
尺寸　全长 34 厘米
重量　42 克

　　石榴花开如火如霞，姿容艳丽。记得在山西插队当知青时，村里的家家户户可以没有别的树，不可没有石榴树，无论去哪家，院里或窗前一定会有石榴树，石榴树栽于庭院无论在南方还是北方都很盛行。诗人韩愈有诗曰：五月榴花照眼明，枝间时见子初成。

　　石榴与桃子、佛手是中国的三大吉祥果，这三种吉祥果合在一起称为"三多"，即多子、多福、多寿。石榴的吉祥寓意主要是祝人多子，以石榴兆子孙众多之意。在中国民间，以石榴祝多子的习俗特别流行，尤其婚嫁时，把石榴果皮裂开、露出浆果，以图祥瑞。一幅画着半开的石榴图叫做"榴开百子"或"石榴开笑口"，石榴的"石"与"世"谐音，代表"世代"。如果一幅画有石榴、官帽，则祝颂家族中的官职世代相袭，世世代代做官。

银珐琅彩扇形长命锁

年代　清代晚期
地区　北京
尺寸　全长 37 厘米
重量　46 克

　　狮子滚绣球是中国民间最喜庆的图案。狮子是百兽之王，凶猛、威严，民间多以狮子纹样驱邪镇宅。绣球为祥瑞之物，"狮"与"师"同音，"球"与"求"同音，故"狮子滚绣球"寓意驱灾祈福。另有传说，只有雄狮和雌狮嬉戏，狮毛缠裹滚而成球，才会生出小狮子，也寓意子孙繁衍、家族昌盛。

二式银如意形长命锁

年代　民国
地区　山西
尺寸　全长 30 ～ 32 厘米
重量　20 ～ 30 克

　　古代科举制度考试过程冗繁，经县、府、省、京师各阶段的过关考试，竞争者无以数计，十年寒窗苦读，在此一举。连中三元的意思是在乡试、会试、殿试中每次都是第一名，即连中解元、会元、状元。连中三元，是对参加考试者学业有成、荣居榜首的美好祝愿。

银珐琅彩一品当朝长命锁

年代　清代中期
地区　北京
尺寸　全长 32 厘米
重量　42 克

　　一团和气造型的长命锁上写的是"一品当朝"四个字。一品是官品中地位最高者，是赞颂执掌者地位的高贵。打造此长命锁也是父母的希望，希望孩子好好读书，长大后去当大官、高官。既是一种寄托，也是一种吉祥的图案、喜庆的装点。此图也可称一团和气或叫阿福。

银珐琅彩葫芦纹长命锁

年代　清代中期
地区　北京
尺寸　全长 42 厘米
重量　62 克

　　"葫芦"谐音"福禄"。葫芦是道士的随身宝物，在神话传说故事里，葫芦与神仙为伴，往往里面装的是神药或其他法宝。据说，葫芦是天地的缩微，里面有一种灵气，可以用来拎妖捉怪。中国很多地区都把葫芦悬挂在门上，用以驱邪。葫芦籽多，可以用来祝福子孙后代延绵不绝；葫芦上缠绕兰花图案，象征着友谊；葫芦与玫瑰在一起的图案，其吉祥意义是"万代流芳"。葫芦是艺术中的天然极品，无需加工，已是艺术，给人们以美的享受。总而言之，葫芦在历史中，已成为观赏、收藏而且又实用的吉祥物。

银如意形嫦娥奔月、鲤鱼跳龙门纹长命锁

年代　民国初期
地区　福建
尺寸　全长 38 厘米
重量　69 克

　　这是一件嫦娥奔月长命锁。嫦娥奔月只是一个传说故事，有多个版本说法不一。人们通常以为月亮里有她亲爱的吴刚，以嫦娥奔月比喻坚贞不渝的爱情，和对爱情永恒信念与执着追求。

　　其实这是一个误解，嫦娥奔月并非为了吴刚而奔月。嫦娥是有丈夫的人，她的丈夫就是射九日的大英雄后羿。

　　后羿因射九日，得罪了天帝，把他贬在人间。后来，后羿得到西王母的长生不老药，嫦娥趁后羿外出打猎，偷吃了不老药升天而去，住于月宫，就成了月神娘娘。在《山海经》《搜神记》等古籍中记有此事。嫦娥独自吞食不老药，是背弃了丈夫，怕天庭神仙嘲笑她，就投奔月亮女神常羲，想在月宫暂且安身。可是月宫中空无一人，格外冷清，她在漫漫长夜里感到很孤独，后悔不该独吞不老药，慢慢变成了月精白蛤蟆，在月宫中终日被罚捣不死之药，过着寂寞清苦的生活。有诗感叹嫦娥："嫦娥应悔偷灵药，碧海青天夜夜心。"月宫虽好，琼楼玉阁，可高处不胜寒，正是她倍感孤寂心情的写照。

　　嫦娥向丈夫后羿倾诉懊悔说："平时我没法下来，明天乃月圆之时，你用面粉做丸，每个如圆月形状（其实就是现在的月饼），放在屋子的西北方向。然后再连续呼唤我的名字，到三更时分，我就可以回家了。"翌日，后羿照妻子的吩咐去做了，嫦娥果然由月中飞来，夫妻重圆。延续至今，中秋节做月饼成为供嫦娥的风俗，就是由此形成的。这一嫦娥奔月图，正是世人渴望美好团圆、渴望幸福生活的情感流露吧。还有很多关于嫦娥的传说，在这里不一一讲述了。但这些吉祥图案的创作寓意是神奇的，也是美好的，类似很多难解的传说，众说纷纭，或知道一点其意而道不清说不明。这是笔者写这些吉祥图等寓意时，最常碰到的问题，尤其是历史人物故事和戏曲古剧目，想说明或全部弄懂它，需要更多人的努力，共同来把这一文化弘扬光大。

二式银片形福在眼前长命锁

年代　民国
地区　山东
尺寸　全长 37 厘米
重量　66 克

年代　民国初期
地区　山东
尺寸　全长 39 厘米
重量　68 克

　　银片形长命锁也是长命锁中的一种，全国各地均有，但在山东地区，民国时期这种锁很流行，比较起来山东的片锁比其他地区的片锁多，而且样式丰富，有大有小、有轻有重，造型、纹饰都多于其他省份。

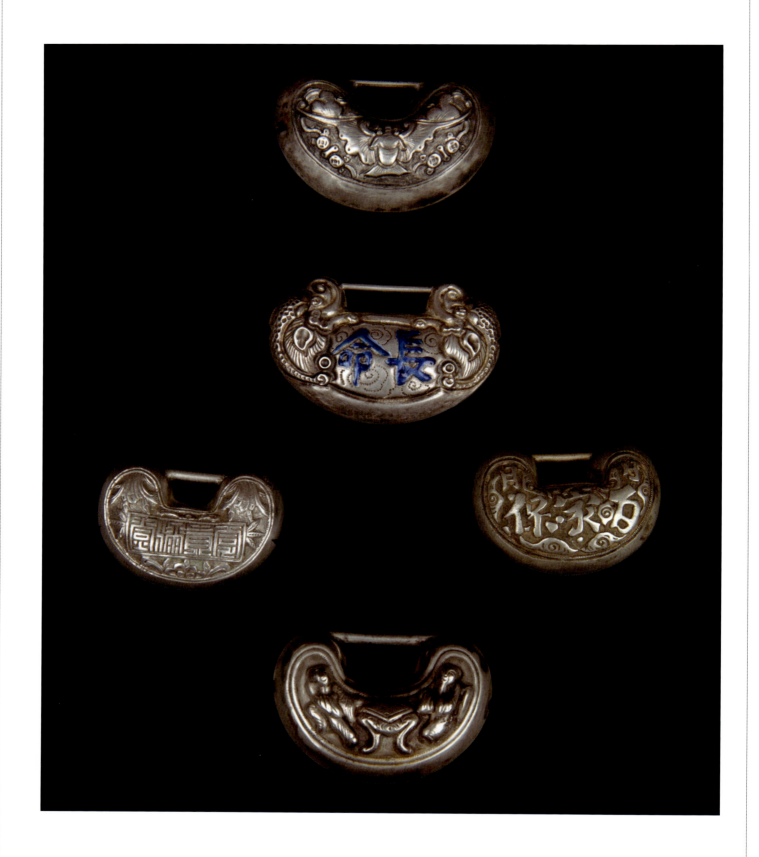

五式银元宝形长命锁

年代　民国
地区　山西
尺寸　高4～5厘米　宽8～9厘米
重量　8～13克

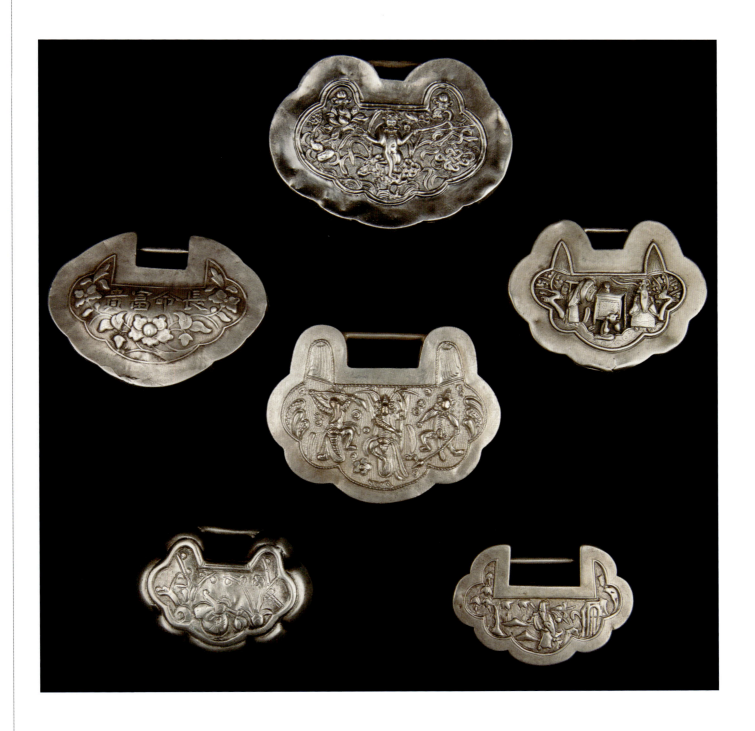

六式银如意形长命锁

年代　民国
地区　山东
尺寸　高 4～6 厘米　宽 5～9 厘米
重量　12～25 克

　　此六锁为如意形长命锁。
　　大部分长命锁采用如意纹形为饰。这是长命锁最主要的一种形状，几乎占到长命锁的一半。因为如意是神草灵芝的头形，在古代是一种爪杖，柄端做成灵芝头形，用于搔痒，因为不用人，自己随意搔痒，被称为"不求人"，故被称为如意。后来，如意与流云组成团，表现在很多器物和织绣品、建筑等物上，最多最常见的就是古时候宫廷贵族们手中常常把玩的各种如意吉祥饰件。受其影响，民间也将如意云头纹作为长命锁的主要形状，寓意吉祥如意。

二式银蛙纹、寿字纹长命锁

年代　民国
地区　山东
尺寸　左 34 厘米　右 38 厘米
重量　左 68 克　右 45 克

从左至右为:
　　(1) 蛙纹长命锁。
　　(2) 寿字纹长命锁。

银三星人物纹长命锁

年代　民国初期
地区　江西南昌
尺寸　全长 32 厘米
重量　55 克

　　银长命锁中常见福、禄、寿三星的图案，寓意福、禄、寿三全。福星司祸福，禄星司富贵贫贱，寿星司生死，三星高照象征着幸福、富有和长寿。相传，福星即天官，是土星下凡，禄星也是一颗星辰演化而来，位于北斗七星的正前方，北斗七星的正前方这六颗星统称文昌宫，里面最末一位就是主管官禄的禄星，它是历代读书人的幸运之星。寿星亦名南极仙翁，也是一颗星。他宽额白须，捧桃执杖，负责安康长寿，即生死寿命。图案有很多种，只是表现手法不同。

三式银镀金麒麟与虎头纹长命锁

年代　民国
产地　福建
尺寸　全长 35 ～ 40 厘米
重量　70 ～ 138 克

　　这件麒麟锁和其他长命锁不同的是麒麟可站立，可摆放观赏，是福建省长命锁的风格。其做工是通体錾花、
立体围焊成型。银链上的六颗玛瑙珠（已丢失一颗），增强了此锁的装饰效果。
　　南方的银饰品普遍轻薄，但工艺精细；北方首先用料就厚重，工艺錾刻刚劲有力，南北方的银饰品各有千秋。
　　不过能挂也能摆放站立的麒麟锁少见，而银链样式比较常见。
　　估计是购置长命锁的主人，特意让银匠打造一个既能挂又能站立的长命锁。

银福如东海项圈式长命锁

年代　民国
地区　山西
尺寸　全长 23 厘米
重量　86 克

银连中三元项圈式长命锁

年代　民国
地区　山西
尺寸　全长 22 厘米
重量　88 克

中国的吉祥图案中常常把荔枝、桂圆、核桃放在一起，因都是圆形，意即三元。

银猪驮金元宝长命锁

年代　清代晚期
地区　山西
尺寸　全长 36 厘米
重量　40 克

　　在版画里经常可以看到一些娃娃持莲花抱鱼的画面，还有日进斗金推车进宝、招财进宝等发财的吉祥图，却很少见到猪驮金元宝的图案。而在长命锁中虽有猪的生肖，但类似此款的却不多见。肥猪背上驮元宝其意义就是给家人带来好运，祈求新的一年里得到喜庆丰收，就像将吉祥图"猪拱门"贴于门上，企盼肥猪拱门而入一样，给家里带来财富。

银书卷形长命锁

年代　清代晚期
地区　浙江
尺寸　全长 36 厘米
重量　68 克

　　将书卷的形状制成饰物，佩挂在身上，是旧时书香门第家庭表达"学而优则仕，唯有读书高"思想的一种创意，希望孩子从小要读书，长大了才有出息，也是获得超越客观的艺术形式。因为读书一直被中国人看作改变命运的阶梯，也是世道太平的象征，更是一些文人雅士学识修养的对应物。

　　这件银锁是主人的要求，也是银匠通过这样的组合来暗示一种人生的轨道，可见这件小小的长命锁寄托着中国人无限的生活理想，也抚慰着人们的心灵。

银钱套纹长命锁

年代　民国
地区　广东
尺寸　全长 34 厘米
重量　55 克

　　钱套纹是祈财的一种标志，有摇钱树、聚宝盆、杂宝、钱币等。财即指财富，财也指发财、事业兴旺、丰收等。自从私有财产出现以后，追求财富应该是一种普遍、正常的社会表现，而且追求财富的热情在任何时代都不曾泯灭。旧时受封建思想的影响，认为贪财不义，以至于把"舍财"与"消灾"相联系，并把"破财免灾""破财挡灾"作为一种禳解禁忌的方式，即修身积德而"疏财仗义"，但这并非放弃人们对财富的追求。选择用许多钱币当长命锁，笔者认为一是为了祈财，二是用钱挡灾、破灾。人们在严酷的现实社会中总能获得新的希望，所以经常见到用元宝、钱币制作的挂饰或长命锁。这些民俗事项的内容也反映在吉祥装饰图案中，由此形成了中国的财瑞文化特色。

银圆形镂空虎头纹长命锁

年代　清代晚期
地区　山东
尺寸　全长 36 厘米
重量　58 克

　　小孩戴虎头纹的长命锁，主要是借虎的威猛避邪驱祟。民间常见镇五毒的长命锁，镇五毒的肚兜、绣荷包、虎围涎等。还有在小孩的额头上用雄黄画一个"王"字，其意就是借虎驱邪。在山西、山东、陕西西北地区，姑娘的陪嫁品中必有一对特大的面老虎、虎头枕、虎头帽、虎头鞋，据说这些东西，什么邪恶都不敢欺身。由于虎纹斑斓，额头纹似"王"字。因此，民俗物品中虎的形象也常是在额上饰"王"字，俗称"虎头王"。
　　虎也颇通人情。过去人们发现老虎后，一般不进行捕猎，而是由几个省、县的官员联名发布告示，请求老虎回到山里去不要出来伤人，老虎似乎知道了告示内容，不轻易下山。
　　传说中有一个故事很有趣：一个老太婆去官府告状，说老虎吃了她的儿子，致使她无人赡养，快要饿死了。官府于是命老虎出庭，裁决结果是老太婆从此以后由这只老虎供养，老虎果然照这样做了。民俗中有关老虎的故事很多，书中的虎纹长命锁有好几个，大概也作了一些介绍，总而言之，虎在民间的风俗中是最常见，也是饰品中最广泛使用的纹饰。

银方形镀金麒麟送子长命锁

年代　清代晚期
地区　福建
尺寸　全长 36 厘米
重量　68 克

　　这是中国沿海福建地区的银锁，原本下面坠饰五个铃铛，因年代久远已缺失，缺失的配件很难配齐，但锁上的图案仍然很清晰。这是经过擦洗后显现出来的原形，在清洗过程中一定要小心，轻洗轻擦，不要用力过猛，以免损伤其原形的面目，旧银饰的清洗也是一门很专业的技术。

金天女散花长命锁

年代　清代
地区　广东
尺寸　长9厘米　高8厘米（不含链）
重量　67克

这是一件"天女散花"纹金锁。
天女散花，原为佛教故事，出自《维摩经·观众生品》，天女以花散诸菩萨身，即皆坠落。

银香荷包式八音八仙长命锁

年代　清代
地区　山西
尺寸　全长 37 厘米
重量　98 克

多式银珐琅彩长命锁

年代　清代晚期
地区　山西平遥
尺寸　带链全长 25 ~ 40 厘米
重量　10 ~ 50 克

　　各种银珐琅彩长命锁 37 个，
把各式各样的长命锁放在一起，挨
着个地把玩，挨着个地端详，这种
把玩给人带来了好心情，端详又让
人一饱眼福。纵观各地的这些传世
之物，寻找在岁月中留下的痕迹，
在这些精美的银饰中，深深体会到
中国民间艺人的聪慧与智巧。它们
不仅承载着人们的丰富情感，还代
表了来自民间的朴实文化。

银如意形麒麟送子长命锁

年代　民国
地区　江西南昌
尺寸　全长 33 厘米
重量　56 克

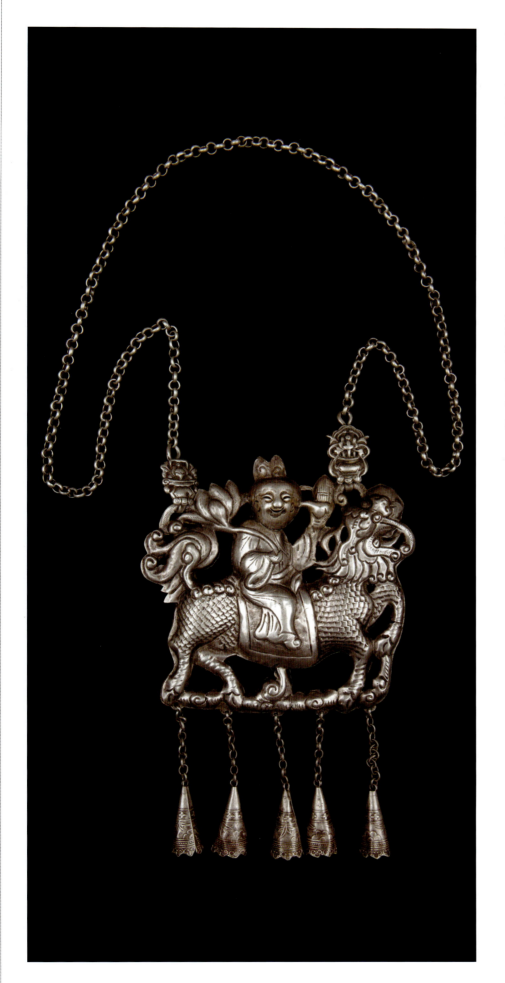

银麒麟连生贵子长命锁

年代　民国
地区　山东
尺寸　全长 38 厘米
重量　82 克

　　麒麟锁在长命锁中占据数量最多，主要是对它的传说太多也太神。它是我国历代传说中神奇的动物，它全身鳞甲、龙头、独角，是很厉害的一种动物，但它武而不为害，不践生灵，不踏庄稼，是人们心目中善良的神兽。

　　因此，在中国民间神话的传说中，它是仁慈和吉祥的象征。自古民间有"麒麟送子"之说，把麒麟说得神乎其神，只要是麒麟送来的孩子，长大后必是贤良之才、仁义之士、高官厚禄等，中国人喜爱讨口彩，讨吉言，认为这些传说是有灵性的，所以人们通过给孩子戴麒麟锁得到富有和吉祥，得到一个贤良之才的子孙。也许，这就是麒麟锁多于其他锁的原因吧。

银珐琅彩天子门生长命锁

年代　民国初期
地区　山西
尺寸　全长 35 厘米
重量　50 克

银珐琅彩福禄纹长命锁

年代　民国初期
地区　北京
尺寸　全长 36 厘米
重量　82 克

银蝴蝶形珐琅彩戏曲人物纹长命锁

年代　清代
地区　山西平遥
尺寸　高 8 厘米　宽 13.5 厘米（不含链）
重量　125 克

银牌匾式状元第纹长命锁

年代　清末民初
地区　山西
尺寸　全长 42 厘米
重量　88 克

　　中国科举考试制度创始于隋朝，形成于唐朝，完善于宋朝，强化于明朝，至清朝趋向衰落，历经 1300 余年。状元为殿试第一名，第二名为榜眼，第三名为探花。新科状元殿试钦点之后，由吏部、礼部官员捧着圣旨鸣锣开道，状元公身穿红袍、帽插宫花，骑着高头骏马，在皇城御街上走过，称为御街夸官或游街夸官。

　　状元第原称"宝砚堂"，康熙五十九年乡魁庄柱所建，后其子培因于乾隆十九年状元及第，遂改称状元第。

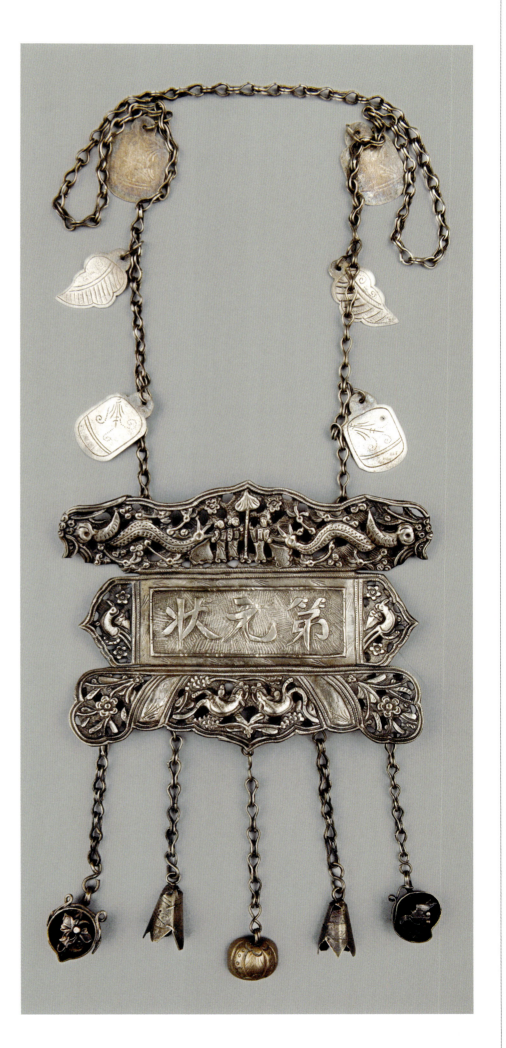

银珐琅彩花卉纹长命百岁锁

年代　民国初期
地区　河南
尺寸　全长 34 厘米
重量　54 克

银珐琅彩皮球花纹全家福长命锁

年代　民国
地区　河南郑州
尺寸　全长 36 厘米
重量　56 克

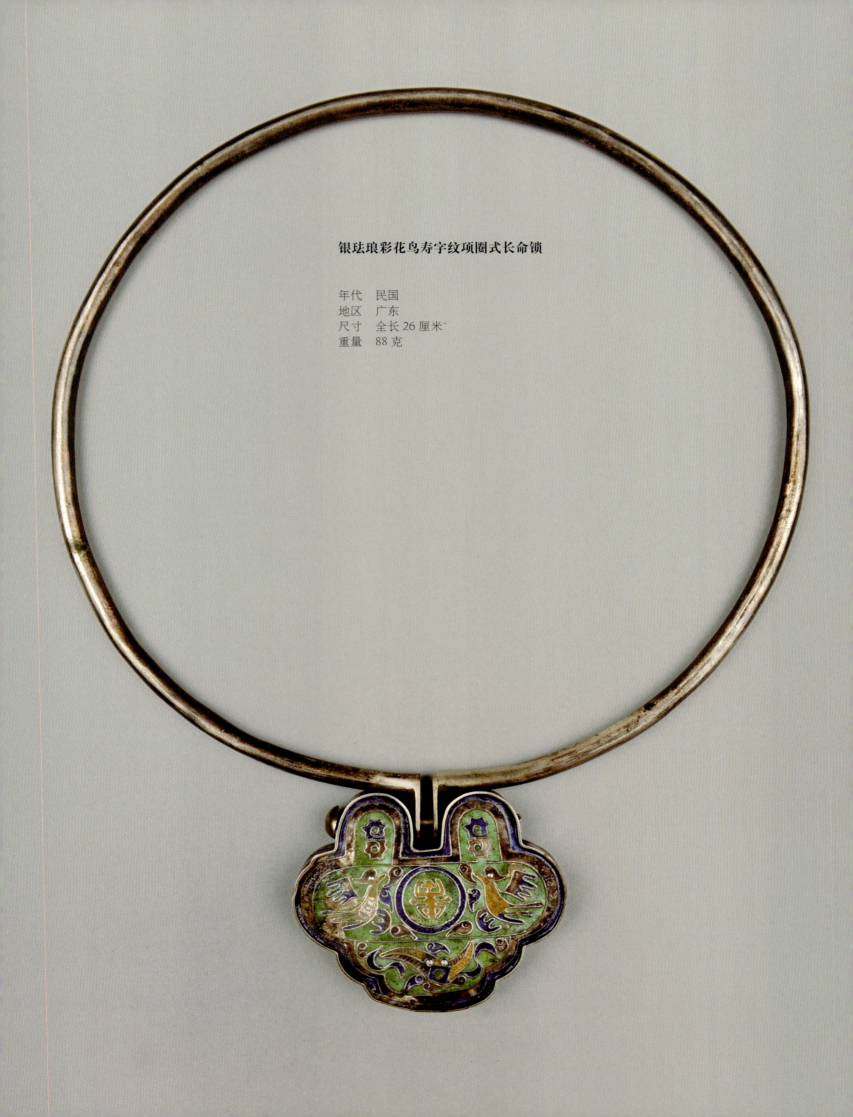

银珐琅彩花鸟寿字纹项圈式长命锁

年代　民国
地区　广东
尺寸　全长 26 厘米
重量　88 克

银珐琅彩花鸟纹长命锁

年代　清末民初
地区　河南
尺寸　全长 35 厘米
重量　62 克

银菊花花篮长命锁

年代　　清代
地区　　山东
尺寸　　全长40厘米
重量　　220克

　　这种带银链的花篮吉祥物，实际也是长命锁的一种，它在各种吉祥艺术品中是常用的题材。多用于一些挂饰品，由多种花卉组成，犹如百花齐聚，百花盛放带给人芬芳清新之感，使生活像花一样美好。花篮图案多以牡丹为主，还包括菊花、茶花、兰花、月季花、百合花等，由于组合的花卉繁密堆积，呈现五彩缤纷的美感。百花花色各异，姿态万千，各展其妍，具有很强的艺术表现力，但最主要的是它象征着生活五彩缤纷、蒸蒸日上。

　　图中花篮以菊花为主题。菊花是长寿花，不仅被作为长寿的象征，且被作为花中的隐逸者。菊花因其开花时间长，花开不败，大小花蕾持续开放，所以又名寿菊。十二种花中菊花排第九，因此九月也称菊花月或寿月，名花十友中菊花被称为佳友，历代文人志士，以菊花抒情励志的佳作层出不穷。长命锁以此为主题，主要是祝福长寿之意。

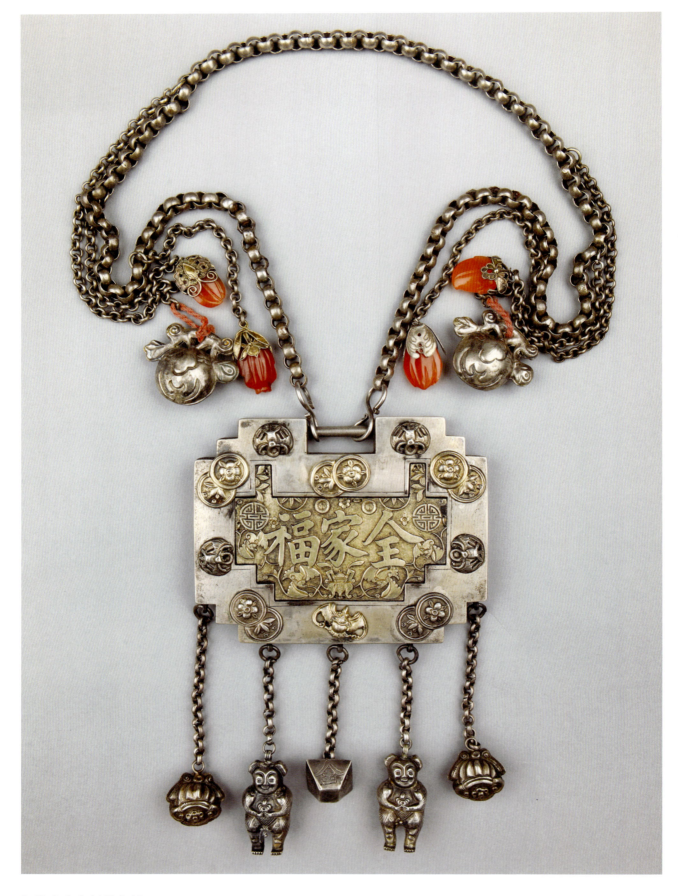

银鎏金全家福长命锁

年代　清代中期
地区　山西
尺寸　全长 42 厘米
重量　186 克

银人物纹教五子长命锁

年代　清代
地区　北京
尺寸　全长 36 厘米
重量　153 克

　　"教五子"说的是五代后晋蓟州渔阳人窦禹钧因教子有方，五子相继登科而传为佳话。号为"窦氏五龙"，后称五子登科。《三字经》："窦燕山，有义方。教五子，名俱扬。"也称世典。但五子为何人，说法不一。原指五位历史名人，春秋、秦、汉及宋代各不相同。后又将窦禹钧的五个儿子相继登科称为"五子夺魁"，五子夺魁图中为一儿童举着一个头盔，其余儿童来争抢。还有一图案为一只雄鸡带着五只小鸡，象征教五子，以其名扬。而图中这个长命锁是一老先生教五子读书的情景，均是"教五子"的一种图案，而且人物刻画十分精致、生动，尤其是周围的背景布局，整体层次错落有致，满而不乱，有很高的收藏价值，在长命锁中是不可多得的佳作。

教五子长命锁的背面是山水纹与文字

従来能教子皆咸令名

者莫如竇氏其為訓也

異日五子咸名當時馮道贈詩

燕山竇侍郎教子有義方靈

椿一株老丹桂五枝芳光緒壬午

仲冬月製雅種墨坐

若芳陳尚隆

银麒麟送子项圈式加扣牌长命锁

年代　清代晚期
地区　山西
尺寸　全长 36 厘米（含项圈）
重量　180 克

　　麒麟锁在中国民间深受人们的喜爱，存世的也比较多。麒麟是四灵之一，是传说中的神兽。据传说，孔子原先学问并不是很精深，虽到处求教，由于缺少好书，学东西很困难，为此常常苦恼。有一天夜晚，他在朦胧中看到远处升起一团紫色的烟雾久聚不散。心想，这紫烟可能和神仙有关，于是马上带着弟子颜回和子夏前去寻找。一直走到天亮，忽然看见前边的河岸上有几个小儿正用石块打一只受了伤的麒麟，孔子急忙跑过去，一边责备小儿，一边赶紧撕下一条布给麒麟包扎伤口。麒麟用感激的眼神望着孔子，突然从口中吐出三部书，猛一回身跳进河中不见了踪影。孔子得到了三部宝书，日夜苦读，终于成为一代圣贤。历史传说，麒麟给孔子送的是天书，孔子读了天书才成了孔圣人。
　　之所以给孩子带麒麟锁，是为了辟邪，为了让神兽保佑孩子，使孩子能像孔子一样去学习读书。正因有这样的美好寓意，山东又是孔子的故乡，山东传世下来的麒麟锁很多，也最有特色。而麒麟送子长命锁，无论在中国的北方、南方都非常时尚，成为中华民族文化中的主要吉祥图案，和龙凤纹一样象征吉祥。民间传说麒麟出现，天下太平，所以"麒麟送子"也意味着送来的童子必是贤良之辈和国之英才。

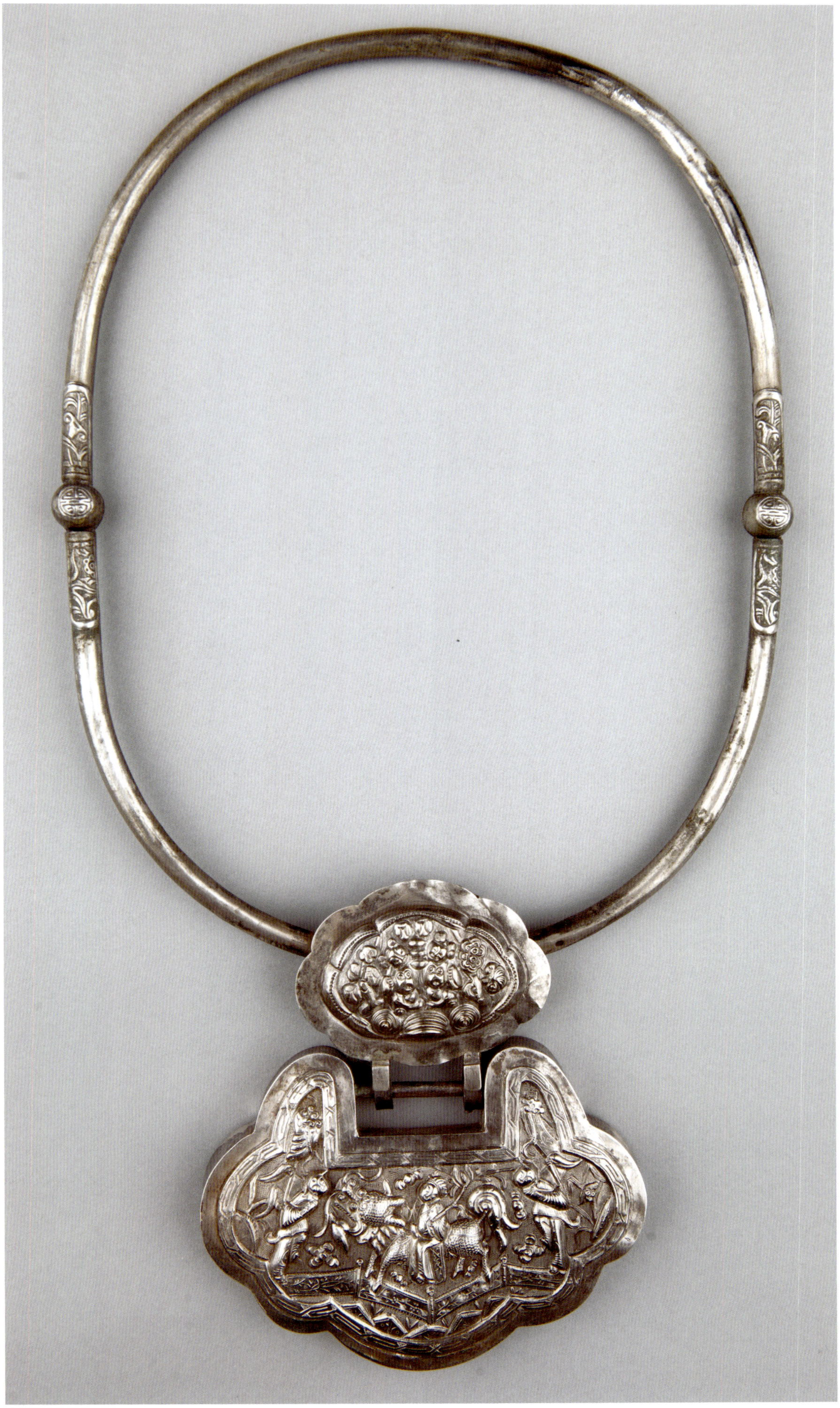

银鼎纹项圈式长命锁

年代　民国
地区　山西
尺寸　全长 26 厘米（含项圈）
重量　88 克

　　这种项圈式长命锁主要为儿童所戴，也是银锁的一种，这种鼎纹银锁旧时在山西晋中地区很时兴。古代传说夏禹铸九鼎象征着九州，远古的时候就奉为传国之宝。鼎是古代珍贵的器物，比喻王位、帝业，后以九鼎比喻重中之重。一言九鼎，意为一句话抵得上九鼎重，比喻说话有分量、能起到很大作用。

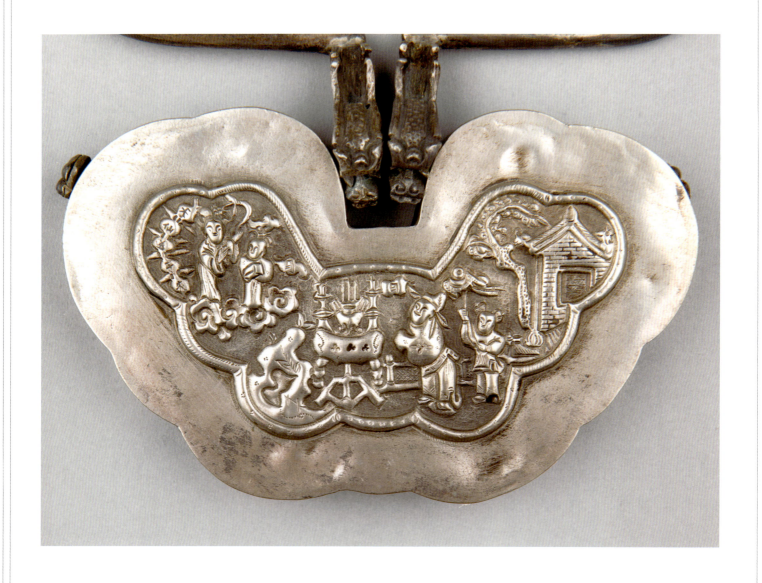

银人物纹天仙送子项圈式长命锁

年代　民国初期
地区　山西
尺寸　全长 28 厘米
重量　190 克

　　"天仙送子"在吉祥图案中是人们常听、常见的图案，也是一个古老而持久的生命主题。在中国传统
文化社会礼俗中，渴望家族繁衍昌盛、子孙满堂的意识从古至今一直都非常强烈。"天仙送子"由"麒麟
送子"演变而成，天仙即送子之神，含意是祈求聪慧仁厚的子女早日出世、有神灵庇护、孩子健康成长。
时至今日这仍是中国父母的一大愿望，并成为我国吉祥文化永恒的主题。

银双鹿人物纹项圈式长命锁

年代　清代晚期
地区　山西
尺寸　全长 29 厘米
重量　160 克

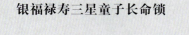

银福禄寿三星童子长命锁

年代　清末民初
地区　山西长治
尺寸　全长 30 厘米
重量　98 克

　　福禄寿三星也可称"三星高照""三星在户"，这种图案在过年时是百姓家门上常贴的年画。在中国传统文化中，福、禄、寿不是单指一种纹样，必须是由福、禄、寿三种纹样组合而成的一类纹样的统称，也是民间最受人们喜爱的纹样之一。福禄寿三星是三个道教人物，由于他们迎合了人们对福禄寿的美好愿望，因此，演变为"三星高照"这一吉祥语。

银蝴蝶纹项圈式长命锁

年代　清末民初
地区　山西运城
尺寸　全长 32 厘米
重量　180 克

　　在项圈式长命锁中，有为数不少的蝴蝶造型和纹样的锁。从古至今，蝴蝶一直以其身美、形美、色美、情美为人们所喜爱。在昆虫王国中，蝴蝶是最美丽的昆虫，被人们誉为"会飞的花""昆虫的佳丽"，据说它们对爱情忠贞不渝，一生只有一个伴侣。蝴蝶在中国传统文化中是高雅的代表，也是幸福爱情的象征。《梁山伯与祝英台》就是其中典型的代表。最主要的是蝴蝶的"蝶"与"耋"同音，代表长寿。因此，蝴蝶纹受到人们的喜爱就不足为奇了。蝴蝶在吉祥图案中已成为中国传统文化中的主题纹饰，尤其在金银首饰、刺绣、瓷器中运用最多。刺绣的服装有"百蝶衣"，瓷器有"百蝶图"，蝴蝶的纹饰在两宋时期由于受花鸟画盛行的影响发展流行起来。在实际运用中，蝴蝶纹即可做主纹，也可以做花鸟画的辅助纹，如两只蝴蝶对飞，可称"喜相逢"；蝴蝶和南瓜在一起，因"蝶"与"瓞"同音，称"瓜瓞绵绵"等。蝴蝶和很多花卉组合都能构成美好的象征。
　　蝴蝶也为女子喜爱，因此，类似蝴蝶的银锁多是女孩子所佩戴。

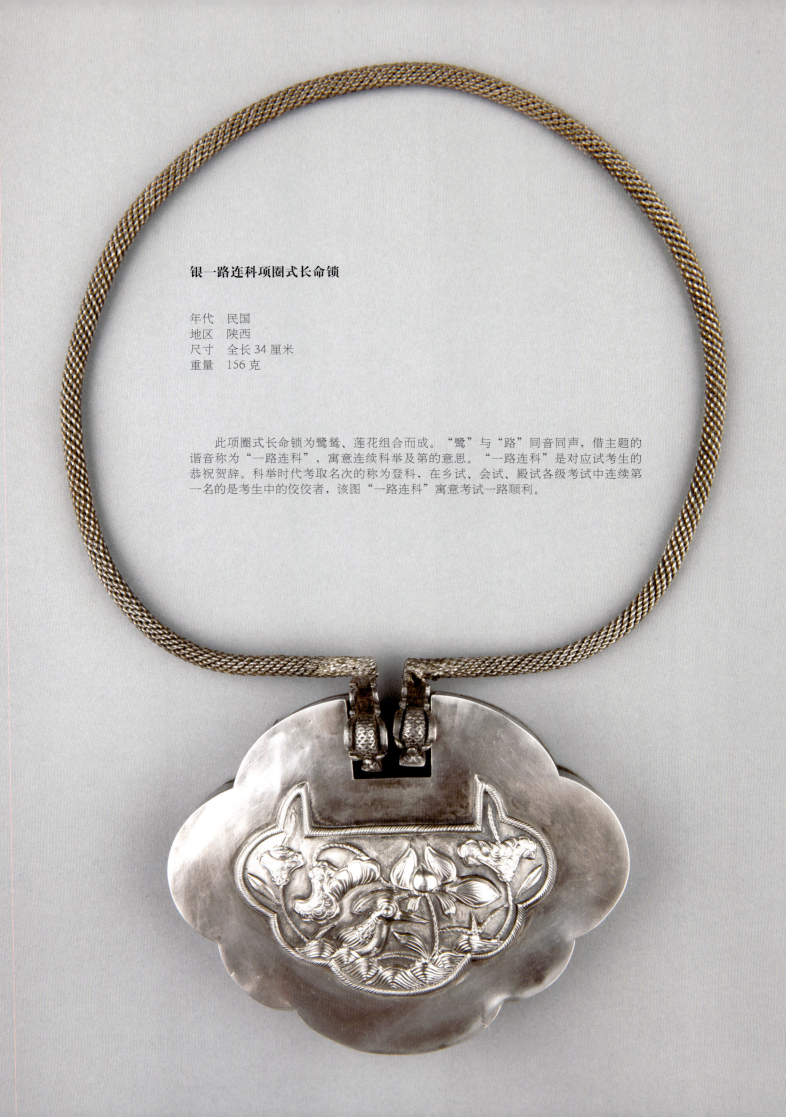

银一路连科项圈式长命锁

年代　民国
地区　陕西
尺寸　全长 34 厘米
重量　156 克

　　此项圈式长命锁为鹭鸶、莲花组合而成。"鹭"与"路"同音同声，借主题的谐音称为"一路连科"，寓意连续科举及第的意思。"一路连科"是对应试考生的恭祝贺辞。科举时代考取名次的称为登科，在乡试、会试、殿试各级考试中连续第一名的是考生中的佼佼者，该图"一路连科"寓意考试一路顺利。

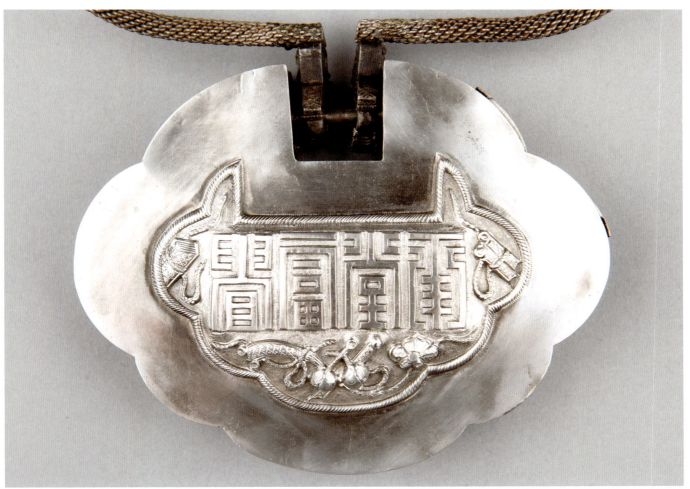

银蝴蝶形人物祝寿纹项圈式长命锁

年代　清代
地区　山西
尺寸　全长 32 厘米
重量　395 克

　　长命锁多用于儿童，但并不绝对，很多也是大姑娘、小媳妇常常佩戴的饰物，而且尺寸较大的多是成人所戴。在甘肃、青海地区有更大的银锁，是出嫁结婚新娘带的嫁妆，而且比山西的锁还大，但它不是项圈式，主要用银链与大银锁相连接。本书前面有这样的大银锁，题材是"一路连科"，就是青海、甘肃长命锁的风格。
　　图中这个项圈式蝴蝶形银锁的戏曲故事应是《凤还巢》。此剧原名《阴阳树》，又名《丑配》，是讲明朝末年，兵部侍郎程浦告老还乡的一段故事。人物和戏曲故事纹样的发展与人类社会进步有着千丝万缕的联系，到了明清，人物的形象越来越多，也越来越具体，人物的形象、神态、动作也越来越生动，几乎达到顶峰。这个时期也出现了很多人物故事的长命锁，这件又厚又重的项圈式长命锁就是一个历史故事，很值得收藏。

二式银狮子滚绣球长命锁

年代　清代晚期
地区　山西　河北
重量　95～125克

下页图从上至下为：
　　（1）银狮子纹长命锁。
　　（2）银鎏金狮子纹长命锁。
　　作为外来瑞兽形象，狮子造型被吸纳于中国文化中，广泛用于塑像、塑雕等，成为我国民间喜闻乐见的艺术形象之一。
　　古书中记载，狮子比虎豹凶猛，被称为百兽之王。明清二品武官官服为狮纹补子。
　　另外，狮子还在佛教中占有一定的地位，文殊菩萨就以狮为坐骑，增添了神圣吉祥的意义。从宋代开始僧人于重阳节举行的
法会——"狮子会"，民间组织的狮子舞等都是吉祥、智慧的象征。

银如意形戏曲人物纹项圈式长命锁

年代　清代晚期
地区　山西介休
尺寸　全长 28 厘米
重量　70 克

　　制作长命锁的材料优劣不一，富者用金或银鎏金，还有镶嵌宝石的；普通者用银，经济不好者则用铜或铜镀银。其造型以锁状为主，另有方形、元宝形、筒形、葫芦形、麒麟形等很多形状。

　　这件锁是如意形，戏曲故事出自《龙凤阁》中的一折《二进宫》。中华民族的各种吉祥图案与很多戏曲故事几乎在长命锁中都有体现。它的存在，它的流传，人们可通过直观可视的形式，表达对生活的追求和热爱。通过这些文化现象、体验和领悟，长命锁中的吉祥文化使我们学到更多的知识，充分感受到这些文化现象给人们带来的欢乐。

银八卦纹项圈式长命锁

年代　民国
地区　山西平遥
尺寸　全长 26 厘米
重量　48 克

　　旧时为什么给孩子佩戴长命锁呢？不单是为了装饰，它还有辟邪纳祥之意。按迷信说法，人在孩提时期体质较弱，容易得病，甚至夭亡。当时的医学落后，只有挂上这种饰物，才能避灾驱邪，"锁"住生命。所以，在孩子出生后不久，不分男女，父母都要给孩子挂上这种饰物，一直到长大成人。讲究的人家根据孩子的年龄三岁、七岁、九岁会不断更换，直到结婚成家。
　　图中这件项圈式长命锁为太极八卦纹，八卦纹最先出现于魏晋时期，盛于唐、五代和宋元，直到明清依然很普及，是道教最神最灵的纹饰。八卦纹是中国传统装饰纹样之一，直到今天仍在使用。《周易·系辞上》曰："易有太极，是生两仪，两仪生四象，四象生八卦，八卦定吉凶，吉凶生大业。"在中国，八卦被引申为吉祥、正气的代表，具有驱邪、避凶、祈福的作用。

银童子引福项圈式长命锁

年代 民国
地区 山西平遥
尺寸 全长 25 厘米
重量 44 克

  项圈锁也是长命锁的一种，因为它的造型是圆形，故起名为项圈式长命锁，使用时套在颈上，锁形饰物则垂于胸前。

  长命锁有两种，一种是项圈式，一种是银链式。长命锁通常也有两种俗称，一叫长命锁，一叫寄名锁。在年代上，长命锁这个称谓比较晚，寄名锁比较早。但寄名锁和长命锁虽是同物，但意义不同，佩戴寄名锁的孩子，必须身寄于人。因为旧时有个风俗，恐孩子夭折，特选择多子女者做孩子的寄父、寄母，以求庇护。也有寄名于诸神及释道者等。

  这件人物纹长命锁可叫"童子引福"，也可叫"翘盼福音"。

  图中一个儿童和来自天上的蝙蝠嬉戏，寓意福自天来。很多吉祥图案常以儿童与蝙蝠嬉戏作为祥瑞，如天上蝙蝠从云中飞来，有一儿童手舞足蹈的样子，可称"翘盼福音"。两个儿童在玩耍瓶子时天上飞来五只蝙蝠，称"平安五福自天来"。正因为长命锁上有这些美好的寓意，人们才购置它，收藏它。笔者相信，正是这些独特的艺术、祥瑞的内涵，长命锁才会长久地流传于民间，到什么时候也不过时。

银珐琅彩年年有余长命锁

年代　民国
地区　河北　河南
尺寸　全长 38 厘米
重量　48 克

　　银锁中有很多鱼的图案，因"鱼"与"余"同音，"莲"与"连"同音，"莲"与"年"谐音，以鱼和莲花喻丰收、兴旺、富裕之意，是中国人由来已久的习俗。历代均有"双鱼""鱼乐""年年有余"等以鱼为主题的图案，以表达人们欢乐之情及来年的吉利。常以娃娃、莲花和鱼为题材的，最常见的是民间年画，如山东潍坊、江苏桃花坞、天津杨柳青等地的木版年画，形式优美、逗人喜爱。"年年有余"是我国很普通的吉祥语和常见的吉祥图案，最常见的是春节期间，城乡家家户户都张贴娃娃抱鲤鱼的年画，以祈求来年粮食丰收。

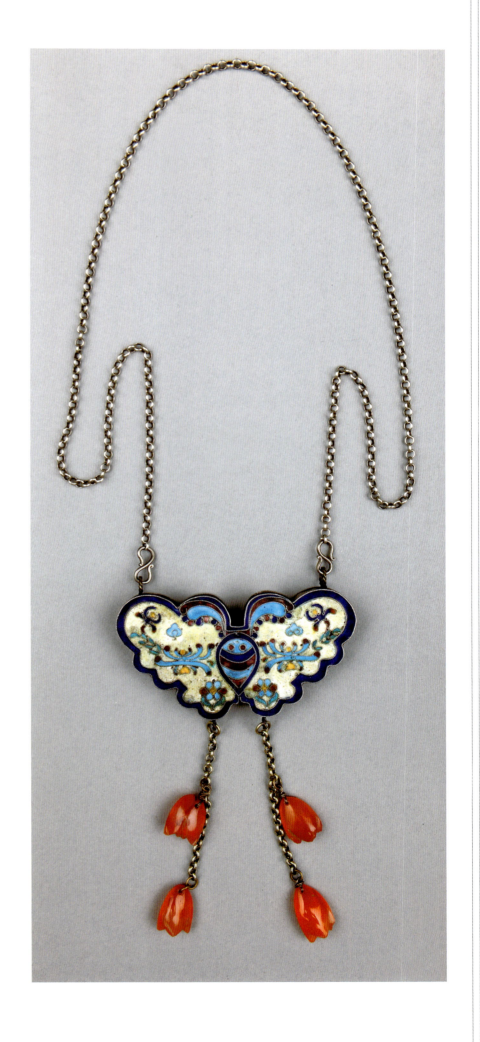

银珐琅彩蝴蝶纹长命锁

年代　清末民初
地区　北京
尺寸　全长 38 厘米
重量　60 克

命
锁

三式银如意形人物纹长命锁

年代　清末民初
地区　福建
尺寸　全长 35 ～ 38 厘米
重量　38 ～ 70 克

　　地域的不同，生活习俗的差异，各地都有本地域的风格与表现形式。图中这三式长命锁为中国福建地区典型银锁造型风格。与北方如意云头形不一样。它的特点是银链细，锁轻薄，而且银锁下面坠的银铃也轻也小，但工艺较细致。而北方的银锁做工比南方的粗犷，下坠物件都较大，而且也重。但无论是南方还是北方，在吉祥图案和内容上均保持着民俗化、世俗化的特点，风格清新、质朴，主题明确而吉祥。南北方长命锁在造型风格上虽有不同，但两者并非分端两极，而是互相影响、共同发展，因此，使我们的民族银饰文化五彩缤纷，源远流长。

银如意形福禄寿三星高照长命锁

年代　民国
地区　河北
尺寸　全长 40 厘米
重量　48 克

　　福、禄、寿三星列位，寓意福禄寿三全，也是人们常说的三星高照。它的使用很广泛，是木器、家具、瓷器、玉器、织绣、金银器以及竹、木、牙、角雕绘画等很多艺术品中最常见的吉祥图案。传说是福星司祸福、禄星司富贵贫贱、寿星司生死，三星高照象征着幸福、富有和长寿。传说福星是天官，古称是木星下凡；禄星是由一颗辰星演变而来，它位于北斗七星的正前方，北斗七星正前方这六颗星统称为文昌宫，里面最后一位就是主管禄的禄星，它是历代读书人的幸运之星；而寿星亦名南极仙翁，也是人们常说的南极老人，他广额白须，捧桃执杖，负责安康长寿，即生死寿考，更是作用巨大。既然都是美丽的传说，我们何必又去求证它的真实性。正因为有这么多的美丽传说，世人才拥有了无数美好的憧憬与为实现这些美好生活而奋斗。在欣赏、把玩、收藏这些长命锁的同时，我们充分感受到了这些文化现象中所蕴含的玄机、吉祥与审美取向，也让我们理解和学习到了中国文化的博大精神，丰富了我们的文化知识，开阔了我们对文化需求的眼界。

二式银百家姓长命锁

年代　清代晚期
地区　河北
尺寸　全长 35 ~ 40 厘米
重量　50 ~ 56 克

　　佩戴长命锁在当时已经成为民间一种习俗，人们可根据自己的意愿选购不同造型的长命锁，"百家姓"长命锁就是其中的一种。清代民间长命锁品类之全，精品之多，藏量之大，是以前任何朝代无法相比的，由于它成了大众的吉祥之物，民间银器制造业也得到了空前发展。很多城镇的街道甚至小巷里都开设有银店、银楼、银铺面，同时也出现了很多知名的字号和银楼，有的还在全国开设分店，具有一定的规模和信誉，生意兴隆，有些老银店至今不衰。由于长命锁有着美好的寓意，善良的中国父母认为它是一种护身符，具有压惊避邪、祈祷福寿的作用，孩子戴上它能长命百岁。几十年来笔者也做了一些这方面的研究，虽然带有一些迷信色彩，但因为其所承载着吉祥的寓意、美好的图案，确实有传承的必要，因为这些多姿多彩的长命锁，蕴藏了中华民族深厚的情感与传统理念，饱含了父母对孩子的一片深情。

银八角形麒麟送子长命锁

年代　清代
地区　山东
尺寸　全长 40 厘米
重量　72 克

银八角形八卦纹长命锁

年代　清代
地区　山东
尺寸　全长 40 厘米
重量　72 克

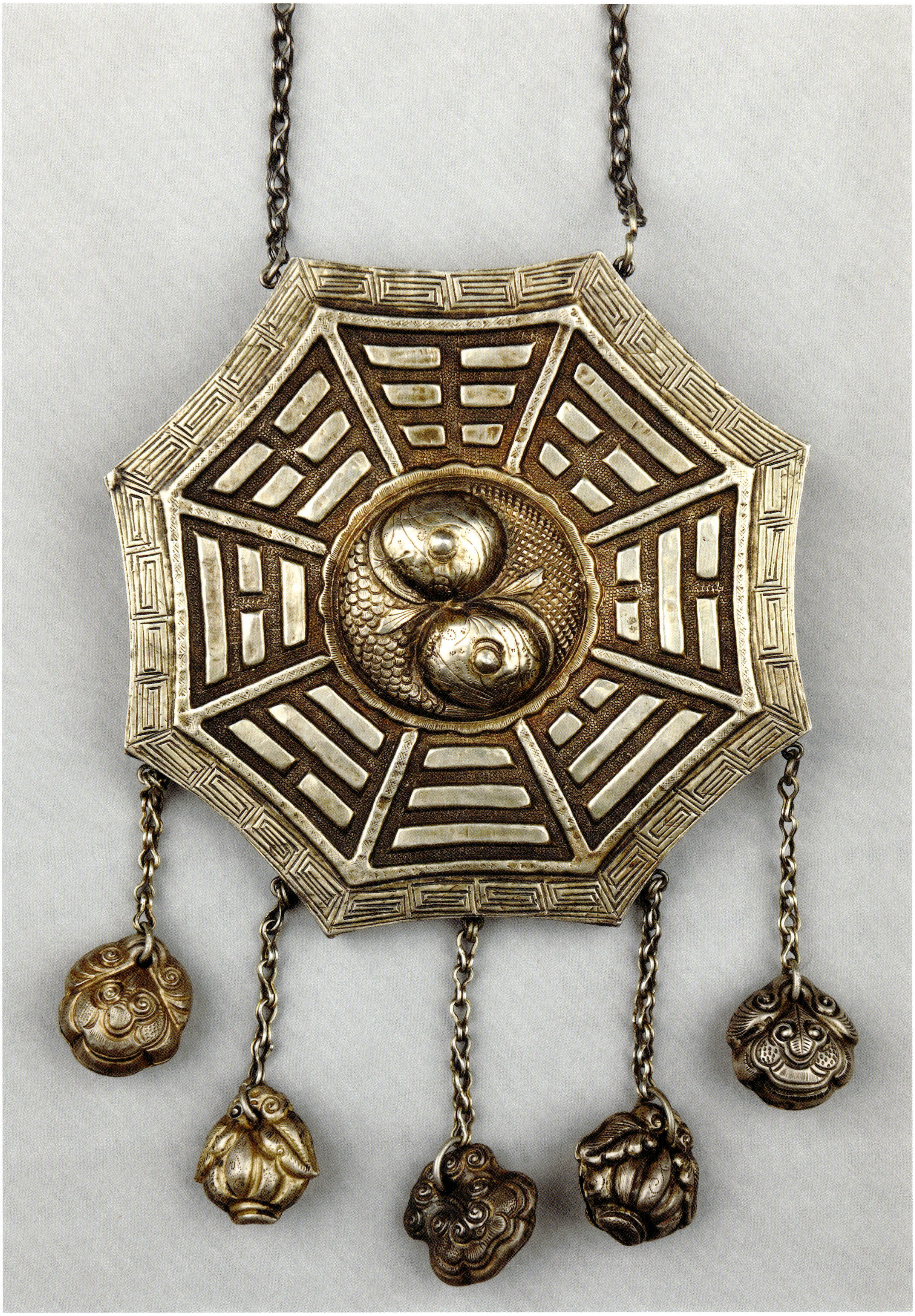

银镀金长命百岁长命锁

年代　清末民初
地区　北京
尺寸　全长 39 厘米
重量　88 克

　　图中锁为两面吉祥花卉纹，正面是牡丹花，背面有"长命百岁"吉祥文字和荷花。锁下坠红玛瑙和青玉，中间是南瓜，共 5 串，看似比其他锁简单，但其寓意吉祥。

　　牡丹花开，香能盖世，色绝天下，人人都知道牡丹花是富贵荣誉的象征。银锁的背面左右各一朵莲花，是男女好合、夫妻恩爱的象征。该锁虽然不是很华贵，却风格清新、质朴，保持了长命锁内容上的民俗文化特点。

银喜鹊登梅人物纹长命锁

年代　清代晚期
地区　山西
尺寸　全长 40 厘米
重量　190 克

　　在清代，由于这些长命锁很适合民众生活的需要，因此以吉祥图案为主的银饰物几乎走进了每一个家庭。其图案均充满吉祥寓意，如三星高照、状元及第、长命百岁、五子三元、百家保、千家锁、麒麟等长命锁，为中国的吉祥图案流行与发展提供了有利条件。无论是传统门类的复兴，还是新品种的开发，都达到了空前的水平。在构成手法上，普遍采用寓意、谐音、假借等手法，形成了"图必有意，意必吉祥"的特点。除了很多带有文字的长命锁外，又派生出很多戏曲故事的银琐，如《西厢记》《白蛇传》《拾玉镯》等，使人们生活娱乐更加丰富，尤其对一些戏迷来讲有了精神的安慰与乐趣。

　　图中长命锁的戏曲故事应该是《凤还巢》，左边为太监周监军，中间是俊生穆居易，右边的旦角为程雪娥。

　　银锁纹饰在艺术造型构图上属于散点式，多画面、多主题并存，这在根本上与银锁的构造有关，更是体现了民俗文化装饰的普遍特点。长命锁在当时深受每个家庭的喜爱，正是以其特有的艺术魅力和祥瑞的故事内涵、长久流传于民间、扎根于民间，以致传到今天和永远。

银圆形镂空长命锁

年代　民国
地区　山西
尺寸　全长 38 厘米
重量　48 克

　　这件长命锁与众多长命锁的不同之处在于是用十个锁形组成团圆式。可能是锁中有锁、锁中又套锁，为了发挥更大的避邪力量，表示更喜庆的意义。

　　中国人很讲究数的概念。《说文解字》："十，数之具也。'—'为东西，'｜'为南北，则四方中央备矣。"十不只表示为数，也有空间概念的定位。从数来说"十者，数之极"，它在古时是一个极大的数，从空间来讲，它是东、西、南、北的中央方位。同时，它又是图形或文字构成中的一个基本要素，如以十上下各加一横是王、十字四方加点是米，十字四周加边是田，十字端头各顺向延伸一线段是卐，等等。所以，十是最为原始、最为久远的一种基本纹饰表现手法。《礼记》："十目所视，十手所指。"另有十全十美十足，都指完备、齐全的意思，而非具体的数字。

　　玩古玩的人都知道，旧时陈列古玩、器皿、盆景的橱架，称之为"十景橱"，就是如今已通称的百宝格。

　　笔者认为，购置这个长命锁的父母就是一个对数字概念十分讲究的父母，因此选择十个套在一起的长命锁，表示十全十美的象征意义。

银状元及第蝙蝠纹长命锁

年代　清末民初
地区　河北石家庄
尺寸　全长41厘米
重量　110克

　　在古代没有电影、电视，宣传什么很受局限，其实这些长命锁上的吉祥图案，包括木版年画等，就相当于现在的电视、电影。如果很早就有这些传播工具，这些古典文化会得到更广泛的流传和发展，对社会文化的影响也会更深远。

　　"状元及第"，用最简单、最易懂的话来解释，就是可以出任高官，就像"鲤鱼跃龙门"，由鱼化成龙的故事。几千年来，中国人一直把读书和日后入仕途紧紧联系在一起。在古代封建社会里，科举是文人进入仕途的必由之路，只要是金榜题名，就意味着开始吃皇粮，享有俸禄，就能改变命运。因此，金榜题名是文人最大的心愿。古语："书中自有千钟粟，书中自有颜如玉，书中自有黄金屋。"即是对金榜题名最通俗的注解。

　　即使是今天，状元及第仍然不过时，而且应用较广，那些学子们步入考场，谁不想状元及第呢！状元及第是对学子们的祝福，是对人才出众的最高评语，也是对各行各业人才的赠语。状元及第是应试士子中万里挑一的佼佼者，所以现在也用"行行出状元"来形容各行各业的杰出人才。说到这里，你就会明白，为什么长命锁中状元及第锁很多，为什么天下父母要打凿状元及第的锁给儿女佩戴。因为，这是天下父母对儿女的美好愿望和寄托。

银鎏金五子夺魁长命锁

年代　民国初期
地区　福建
尺寸　全长 42 厘米
重量　62 克

　　这是一件中华民国成立时期带有纪念意义的银鎏金长命锁。当年，孙中山先生被选为中华民国第一任临时大总统后，举行大总统受任典礼。孙中山先生宣读誓词同时发布《临时大总统宣言书》和《告全国同胞书》，定国号为"中华民国"，改用阳历。1912 年 1 月 1 日作为中华民国建元的开始。各省代表会议又决议以五色旗为中华民国国旗，并颁令全国各省以统一。

　　这把长命锁就是一个很有意义的银锁，紧跟时代的步伐。

　　正面为"五子夺魁"，背面为中华民国的旗帜。锁下有一丝穗，民俗中代表岁岁平安之意。

银长命百岁锁

年代　民国
地区　河北
尺寸　全长37厘米
重量　52克

　　1911年，中国历史大变革的年代，延续了2000多年的封建君主制被推翻了，当"武昌起义"获得全国响应时，孙中山返回祖国抵达上海，革命派开始筹建共和国临时政府。

　　1911年12月20日，17省代表会议在南京召开，决定成立临时政府，孙中山先生以16票的绝对优势当选为中华民国第一任临时大总统。那是一个激动人心的年代，是一个人心觉悟的年代，是争取民主自由的年代。江山更替，百废待兴。中国民间艺人紧跟时代的步伐，在首饰、长命锁上表达对国家命运的关注，寄托感悟时局的情怀。将中华民国五色旗和十八星旗錾刻在长命锁上，这已不是一般意义上的装饰形式了，它有着划时代的意义，是结束延续了2000多年封建君主制最好的纪念。

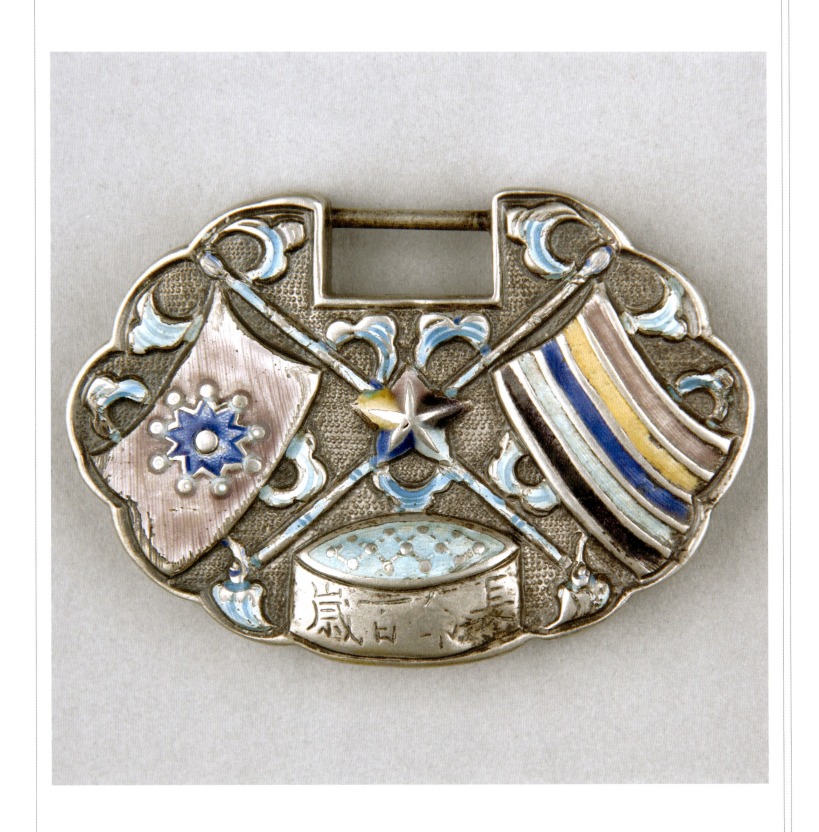

银珐琅彩长命百岁锁

年代　民国
地区　河北
尺寸　长9厘米(不含项圈)
重量　62 克

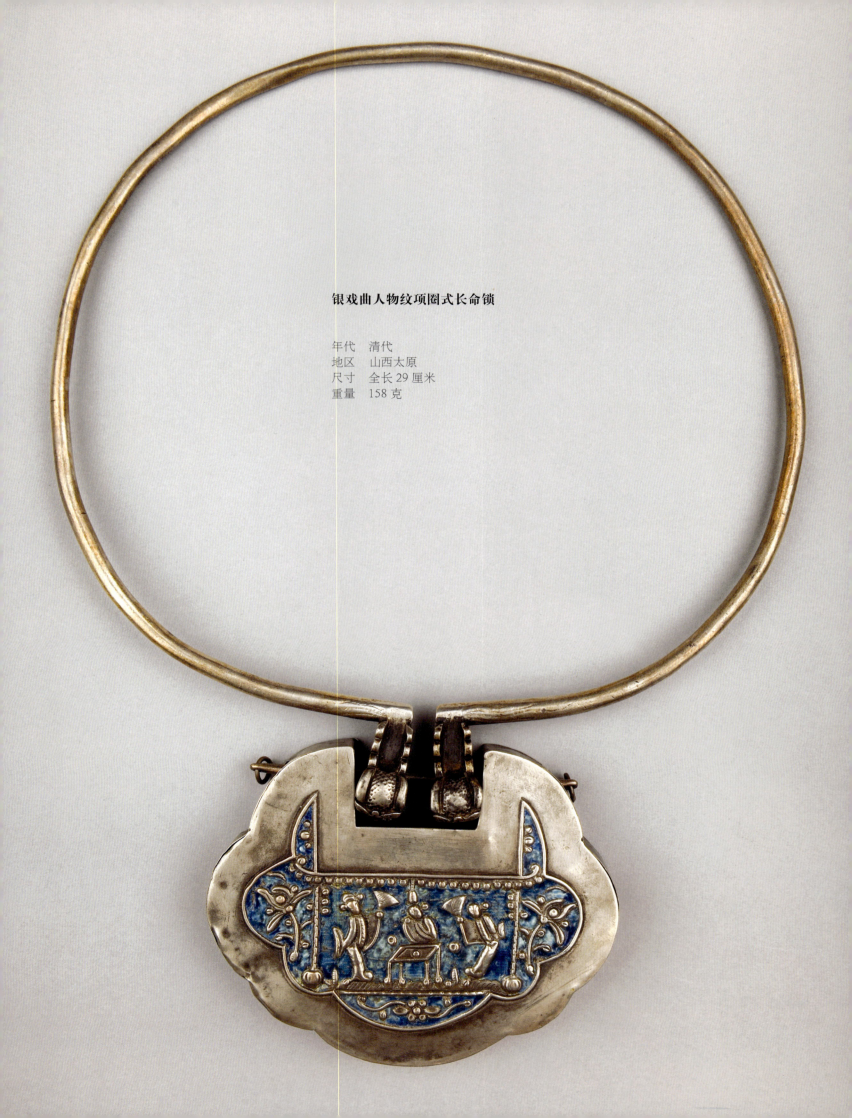

银戏曲人物纹项圈式长命锁

年代　清代
地区　山西太原
尺寸　全长 29 厘米
重量　158 克

银镀金百家姓麒麟送子长命锁

年代　清代
地区　北京
尺寸　全长 42 厘米
重量　293 克

　　麒麟之所以在民间广泛流传，如此受人们的珍爱，主要因为在传统文化中它是瑞兽，与龙、凤、龟合称为四灵。四种仁兽，与神学政治关系密切。

　　对于普通百姓而言，麒麟则为送子神物。旧时麒麟送子的主题即见于图案，祝颂之语，表现方式十分广泛。其意在于祈求、祝颂早生贵子、子孙贤德。这一文化源头传说涉及孔子。

　　据传说孔子也为麒麟所送，孔子在出生前有麒麟来到他家院中，口吐玉书，因此成了大圣人。孔子出生后也被称为"麒麟儿"，后来，人们将别人的孩子美称为"麒麟儿"。《诗经》也曾用"麟趾"称赞周文王的子孙知书达理，从此"麒麟"一词被用于祝颂子孙贤德。

　　在长命锁中，一个小孩骑在麒麟背上，小孩手执一朵莲花和笙，表示连生贵子。

　　而这件下坠百家姓的麒麟送子锁能站能挂，是众多麒麟送子长命锁中的精品之作。这是古玩行中一位很有影响的古玩藏家隋先生为了支持笔者写好这本书，专门提供的实物资料。

银三国演义人物故事纹长命锁

年代　清末民初
地区　福建
尺寸　全长40厘米
重量　70克

　　随着社会的进步和人们的需要，原来简单的人物纹样开始向复杂的人体图转化。到了清代，银锁上使用人物纹的形象越来越多，也越来越具体，尤其是戏曲故事、人物传说在长命锁上刻画得活灵活现，生动细致。

　　这是一件"关公千里走单骑"，护送两位嫂嫂寻找刘皇叔的场景，一路艰辛，"闯五关，斩六将"，在民间传为佳话。有诗赞关公："挂印封金辞汉相，寻兄遥望远途还。马骑赤兔行千里，刀偃青龙出五关。忠义慨然冲宇宙，英雄从此震江山。独行斩将应无敌，今古留题翰墨间。"图中，前面有开路的人，关公右手拿刀、左手捻胡须随后，十分威武，他后面是两位嫂嫂。主题明确，形象生动。此长命锁具有典型的福建地区风格。福建地区在银饰、刺绣中常采用历史人物来作装饰，使用人物最多的剧目是《封神榜》和《三国演义》，很受人们的青睐。

银如意形人物纹长命锁

年代　清代晚期
地区　北京
尺寸　全长 38 厘米
重量　95 克

　　人物纹样是以人物的形象作为主题的一种纹饰，它是中国传统纹样中不可或缺的组成部分，也是金属加工中难度较大的，尤其是人物的开脸、衣纹、动作难度更大，娴熟的手艺就是从多年的打、凿、錾刻的过程中历练出来的。人物雕刻的精美生动与否，是评价银匠技术水平高低的标准之一。

　　随着社会的进步，简单的线条人物纹样开始向复杂的人体图转化，到了唐宋以后，人物纹样中的形象越来越具体、生动。到明清时期，人物纹样的运用达到了顶峰。尤其是文学作品中的戏曲故事、历史人物逐渐在很多饰品中出现。本书精选了一些人物纹的长命锁，对它的寓意和应用作了一些说明，以帮助更多爱好者了解博大精深的中国文化。

二式银镂空麒麟送子长命锁

年代　清末民初
地区　河北
尺寸　全长 36 ～ 38 厘米
重量　60 ～ 70 克

　　在民间艺术中，一个小孩骑在麒麟背上，意为"麒麟送子"。
　　在中国无论南方还是北方，给小孩佩戴长命锁已成为旧时的一种风俗时尚。不仅是银制麒麟，以金、玉、铜、石、木制等也很常见。如故宫的慈宁宫门前便有鎏金麒麟。唐时有官服麒麟袍，赐文武三品以上，左右监门不但饰以对狮，左右还饰以麒麟。到了清代，武官一品补子饰为麒麟，其地位仅次于龙。汉武帝在未央宫建有麒麟阁，图绘功臣图像，显然把麒麟与才俊之士联系了起来。特别是刺绣品中的肚兜、枕顶、门帘常饰以麒麟图案，用以表达某种美好的祝愿。

二式银镀金镂空麒麟送子长命锁

年代　清末民初
地区　山东
尺寸　全长上 14 厘米　下 36 厘米
重量　上 35 克　下 70 克

　　这是两个曾镀过金的麒麟锁。
　　银饰上的鎏金、镀金不一样。鎏金鎏的厚，器物像真金一样，鎏的越厚越不容易掉；而镀金只是表面上的金光，时间久了很容易磨掉，失去金光闪闪的效果。因此，银鎏金和银镀金在价格上差别很大。正因如此，收藏银饰的行家说，买镀金的还不如买不镀金的，意思是镀金容易磨掉。尤其是常用的簪钗、手镯、戒指等当时好看，久用磨损了，倒不如纯白银的好看。

二式银如意形福寿纹长命锁

年代　民国
地区　山东
尺寸　上高 8 厘米　下全长 37 厘米
重量　上 25 克　下 58 克

银镂空童子麒麟送子长命锁

年代　清代晚期
地区　山西榆次
尺寸　全长 42 厘米
重量　198 克

　　长命锁是戴在颈项的一种装饰，又称"寄名锁"，也叫"百家锁"，起源于古代"长命缕"（缕）或"百索"。原为古代江南地区民俗，在端午节以五彩带结成各种形状，系于手臂，用以避邪，名曰百索。以后彩带演变成"珠儿结"。明代以后，逐渐成为幼儿最普遍的一种颈饰。清代长命锁多为银制，上面为项圈式或链式，下部为坠饰物。坠饰物形状多样，有锁形、蝴蝶形、如意形、麒麟送子形等，正面多錾刻吉祥文字，如"长命富贵""长命百岁""五子登科""百家保""状元及第"等一些吉祥文字，这些银制长命锁多为少年男女的颈饰。麒麟是传说中的神物，四灵之一，因此更多一些。

　　此长命锁与其他锁相较创意更丰富一些。链上有双钱；两个喜笑颜开的童子，因为挂在银链上，可称"连生贵子"；两个大银铃，下挂四个小银铃，铃声是一种信号，当孩子戴着锁玩耍时，父母便能根据听到的响铃声，知道孩子是否在附近。长命锁上的各种坠饰都是有寓意的，同时也是中国文化的特有文化现象。

二式银镂空麒麟送子莲花纹长命锁

年代　民国
地区　山东
尺寸　左42厘米　右36厘米
重量　左105克　右75克

银镂空麒麟送子莲花纹长命锁

年代　民国初期
地区　山东
尺寸　全长 39 厘米
重量　65 克

　　"麒麟送子"虽然多数都是锁形，同时也是古代张贴于"洞房"的婚俗喜画。"麒麟送子"的传说与孔子有关，人们以"麟趾"来比喻仁厚贤德和富有文采的子孙。在民俗信仰中，麒麟不但能送书，还能送子，是可送子嗣的吉祥灵兽。故在银锁中占很重要的地位，数量远比其他银锁传世的多。

　　图中这件麒麟锁在锁中算是大型的，它的大小和局部的大小是原装的大小。下坠五个响铃，应是一个较大的儿童所戴。山东的长命锁在重量上和山西的差不多，厚重、朴实。

　　一童子骑在麒麟之上，眉开眼笑的样子一手持莲花，一手拿笙。装饰工艺粗犷又不失精致，錾刻刀工匀称流畅，特别是儿童的纹饰十分生动，一看便知制作者是位工艺熟练的老银匠。尤其麒麟的腿部，左前腿奋力往前伸，表达一种向前的力度，通过这些微妙的动作，再从工艺技巧来看，是一件非常成熟的作品。

银鱼龙变化人物纹长命锁

年代　民国初期
地区　江西南昌
尺寸　全长 36 厘米
重量　92 克

正面为凤穿牡丹，背面为长命富贵

正面为鲤鱼跳龙门，背面为状元及第

二式银珐琅彩长命锁之一

年代　民国初期
地区　河南
尺寸　长8～9厘米（不含链）
重量　30～34克

正面为福寿纹长命，背面为福寿纹百岁

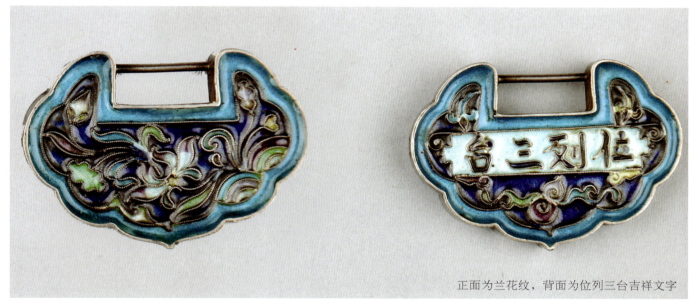

正面为兰花纹，背面为位列三台吉祥文字

二式银珐琅彩长命锁之二

年代　民国初期
地区　河南
尺寸　长4.5～6厘米（不含链）
重量　12～18克

　　明清时期以太师、太傅、太保为三公，只用于大臣的最高官衔，位列三台指的就是官居上述三者之一。民间常以位列三台祝人官运亨通、飞黄腾达。

银如意形戏曲人物纹长命锁

年代　清代
地区　山西
尺寸　长 14 厘米　高 9 厘米（不含链）
重量　195 克

银如意形戏曲人物纹长命锁背面

银珐琅彩花卉纹长命锁

年代　民国初期
地区　河南郑州
尺寸　全长 36 厘米
重量　65 克

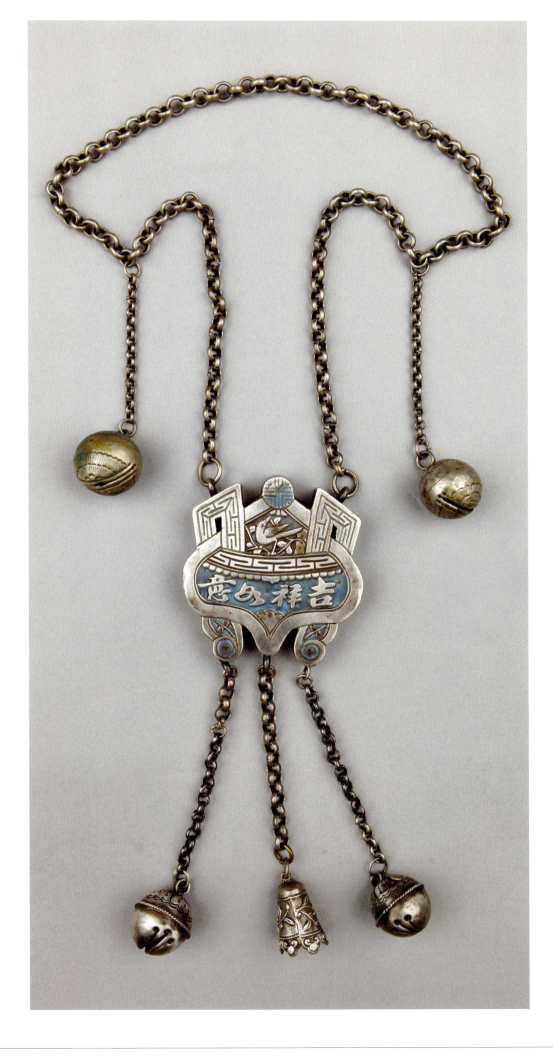

银珐琅彩鼎形长命锁

年代　清代
地区　山西
尺寸　全长43厘米
重量　165克

银鱼形长命锁

年代　民国初期
地区　湖南
尺寸　全长 42 厘米
重量　148 克

　　这种造型的锁是长命锁中的一种，也可说是吉祥挂饰，两者并不矛盾。
　　人类和鱼的关系自古就十分密切。在长期的历史发展中，人们形成了很多关于鱼的观念，这种观念以各种方式体现于民俗艺术等方面。
　　从狩猎文明到工业文明，鱼一直活跃在人们的文化生活中，成语"鱼传尺素"说的是用"鱼"来传递书信的典故。书信又有"鱼笺"之称。古时有"鱼符"，也叫"鱼契"，是类似于虎符的信物。佛教中僧徒诵经时击打节奏的器物叫"鱼鼓"，俗称"木鱼"。在中国民间，老百姓最喜爱的"连年有余""吉庆有余"的吉祥图几乎贴进了千家万户，寓意生活富裕美好。更有"鱼化龙""鲤鱼跳龙门"的故事，自古流传至今。后代人常作高升的比喻，幸运的开始。在各种饰品上用于祝吉求子，以其作为生育繁衍的象征。中国浙江东部，新媳妇出轿门时，以铜钱撒地，谓"鲤鱼撒子"。用"如鱼得水"形容幸福的夫妇生活和谐美满，因此鱼和人类有着十分密切的关系。

银珐琅彩鼎形百家同保长命锁

年代　清代
地区　山西平遥
尺寸　全长43厘米
重量　169克

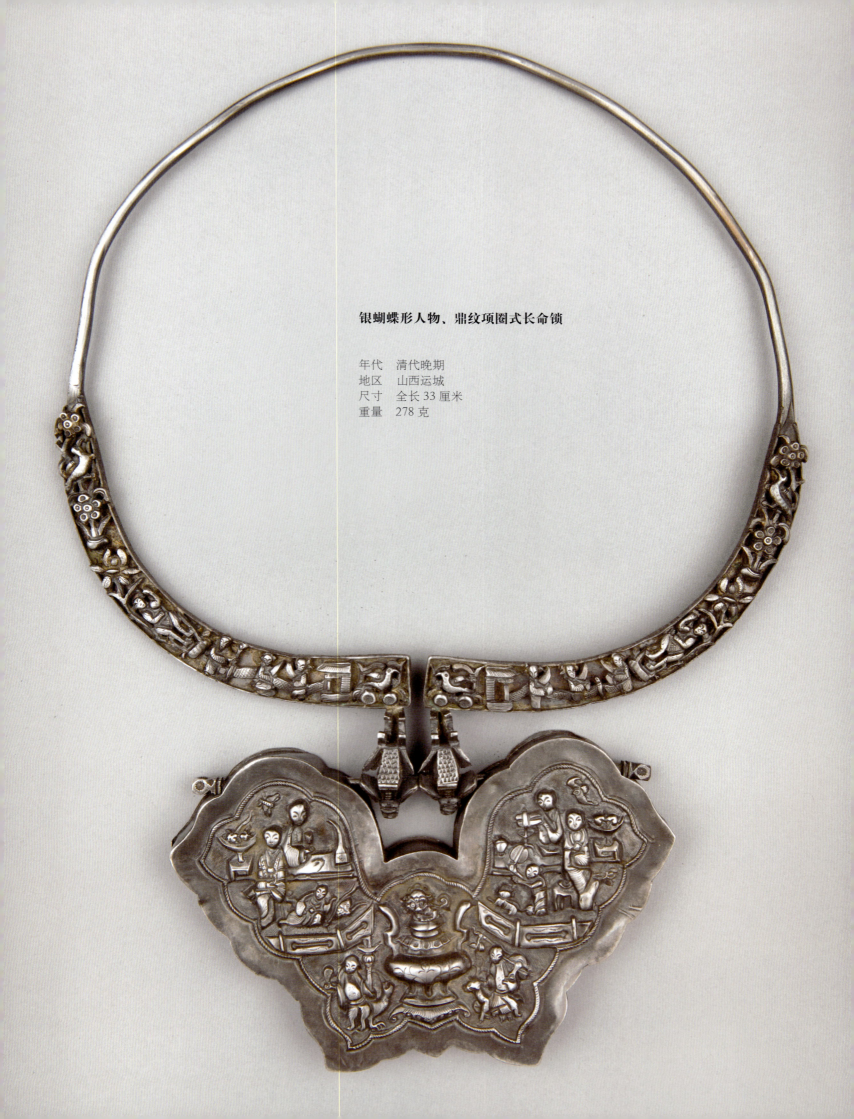

银蝴蝶形人物、鼎纹项圈式长命锁

年代　清代晚期
地区　山西运城
尺寸　全长33厘米
重量　278克

银珐琅彩福寿纹项圈式长命锁

年代　清代晚期
地区　广东
尺寸　全长 36 厘米
重量　222 克

　　福寿，从古至今就是人们讨论最多的话题，是人类对生存的一种希望和要求，是人生的真谛，是精神上无以复加的宴席。

　　中国的吉祥图案通常以自然界的物象或传说故事为题材，用寓意、象征、假借等含蓄的比喻表现方法，表达着人们对美好幸福生活的追求。福，作为吉祥文化的主要内容，多角度、多层次地反映了人们的理想与愿望，祈福的观念潜移默化地融入各种民俗活动之中。

　　图中项圈是以"蝙蝠"和吉祥文字"寿"字组成了福寿纹长命锁，在我国传统装饰艺术中，蝙蝠被视为幸福的象征，民间艺人借用"蝠"与"福"的谐音，以蝙蝠的飞临，寓意"进福"的吉祥，希望幸福自天而降，而很多长命锁正是运用了这种装饰艺术表达了人们对福和寿的渴望。

银花鸟虫草纹长命锁

年代　清代
地区　山西太原
尺寸　全长 38 厘米
重量　89 克

肚兜上刺绣的长命锁

　　由于笔者喜欢长命锁，多年来还收藏了一些有关长命锁的丝织品——肚兜。它和银质长命锁一样都是压箱底的宝贝，更使人感怀备至，睹物思人。在被封尘了百年后的今天，仍然显露出精美的图案和字符，蕴藏着世世代代传承的民族精神与优秀文化，这一文化即是中国的"女红文化"，为中华民族所特有的一种文化形态，在世界艺术之林独树一帜，尽领风骚。女红文化产生于中国妇女传统的针黹艺术活动及与生活相关的创造。"男耕女织"的古老习俗支持着这一文化经久不衰。历代中国妇女都爱把自己的情感、心愿、理想和现实，用五彩丝线绣进那些看似平常的衣装肚兜、鞋帽荷包中。它包含着人类许多共同的理想和愿望，伴随人们度过美好年华，历经岁月的沧桑，具有超越时代的审美价值。

　　肚兜上刺绣出来的长命锁，积淀着民间的生活感受，体现、凝聚了母亲、妻子或姑娘的无限深情。

　　银制长命锁由于是金属材质的，保存比较容易，也比较普遍，但丝织的却很少，因为当时将长命锁绣在肚兜上的本来就不多，尤其是"打子绣"的肚兜，既费工又费眼。在收购藏品时，笔者很关注这些肚兜，从看到绣有长命锁肚兜的那天开始，就将它归入长命锁，成为其中一个种类，在几十年收藏过程中，前后也就收藏几十件。因为碰到的不是太旧，就是破损严重，品相较差。和银制长命锁相比，真是少之又少。本书中早期的肚兜长命锁没有收录，所展示的均属于清晚期至民国时期的，但每件都很干净、整齐，品相非常好。可见，长命锁不只在银饰上大放光彩，在女红文化中更显风雅。笔者认为，长命锁吉祥图案是中国的一个特有文化现象。从银饰、刺绣里能体验和领悟到其绚烂多彩，真真切切地传递着一代又一代父母对儿女的牵挂，它既是母子情，又是人间大爱，它覆盖的文化太深、太广了，对于提高对中国文化的认识意义深刻。

平针绣牡丹纹、长命锁肚兜

年代　民国
地区　山西太谷
尺寸　长 30 厘米　宽 22 厘米

平针绣花鸟纹、百家锁肚兜

年代　民国
地区　山西太谷
尺寸　长 35 厘米　宽 25 厘米

平针绣花卉纹、长命锁肚兜

年代 民国
地区 山西长治
尺寸 长 33 厘米 宽 24 厘米

年代　民国
地区　山西
尺寸　长35厘米　宽28厘米

平针绣猫戏牡丹、长命富贵锁肚兜

年代　民国
地区　山西
尺寸　长 32 厘米　宽 27 厘米

平针绣花卉纹、长命富贵锁肚兜

年代　民国
地区　山西运城
尺寸　长 32 厘米　宽 26 厘米

平针绣连生贵子、长命富贵锁肚兜

年代　民国
地区　山西平遥
尺寸　长 34 厘米　宽 27 厘米

平针绣连生贵子、长命锁肚兜

年代　民国
地区　山西平遥
尺寸　长35厘米　宽27厘米

打子绣寿字纹、长命锁肚兜

年代　清代晚期
地区　山西太原
尺寸　长 34 厘米　宽 40 厘米

打子绣麒麟送子、长命锁肚兜

年代　清代晚期
地区　山西太原
尺寸　长34厘米　宽42厘米

　　这是一件打子绣"长命百岁"纹样肚兜，从工艺的精巧性到内容的多样化，纹饰相辅相成，配色鲜亮，选料考究，工艺精巧细致，在打子绣工艺里称得上是高手艺。吉祥的图案寄寓着父母对儿女的希望，表达了人生的价值与生活态度，文字吉祥，意义深重。中国人主张天、地、人同源同根等和谐的文化理念，表现在刺绣上是一大特色。以长命百岁锁来装饰颈部，浑然和谐，奇妙无比，可谓是精美绝伦。

打子绣暗八仙、富贵锁肚兜

年代　清代晚期
地区　北京
尺寸　长 31 厘米　宽 22 厘米

打子绣花开富贵、长命百岁锁肚兜

年代　清代晚期
地区　北京
尺寸　长 34 厘米　宽 21 厘米

贴补绣绳络纹长命锁肚兜

年代　民国
地区　山西临汾
尺寸　长 24 厘米　宽 21 厘米

贴补绣长命锁肚兜

年代　民国
地区　山西运城
尺寸　长 24 厘米　宽 21 厘米

平针绣花卉鱼纹、长命锁肚兜

年代　民国
地区　山西
尺寸　长 36 厘米　宽 32 厘米

银 挂 饰

民国二历年一王君趙偉興劉君興隆同盟紀念撮影十五日
国阴十月

旧时身上戴挂饰的老照片

年代　民国
地区　山西

银鱼跳龙门挂饰

年代　清代
地区　北京
尺寸　全长 38 厘米
重量　48 克

银花鸟纹葫芦挂饰

年代　　清代
地区　　河北石家庄
尺寸　　全长 35 厘米
重量　　35 克

　　"葫芦"与"福禄"谐音。葫芦藤蔓绵延，结实累累，籽粒繁多，故在中国民间被视作祈求子孙万代的吉祥物，也叫蒲芦、瓟瓜等 。因为在民间传说中葫芦里面常有神药、法宝，因此成了神仙道士们的宝物。现在很多地区仍把葫芦挂在门上，用以驱邪。另外，它很实用，既能当酒壶，又能当瓢舀水、舀米面，是舀取液体的最实用器具，在文玩中它又是把玩饰品。

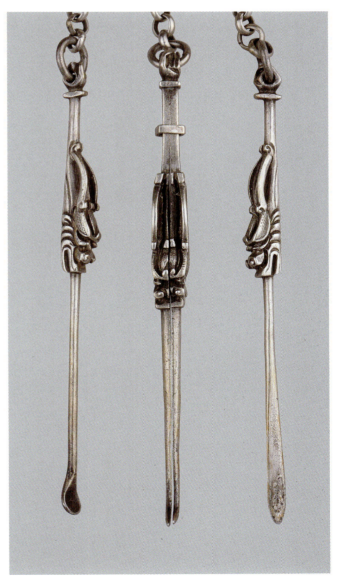

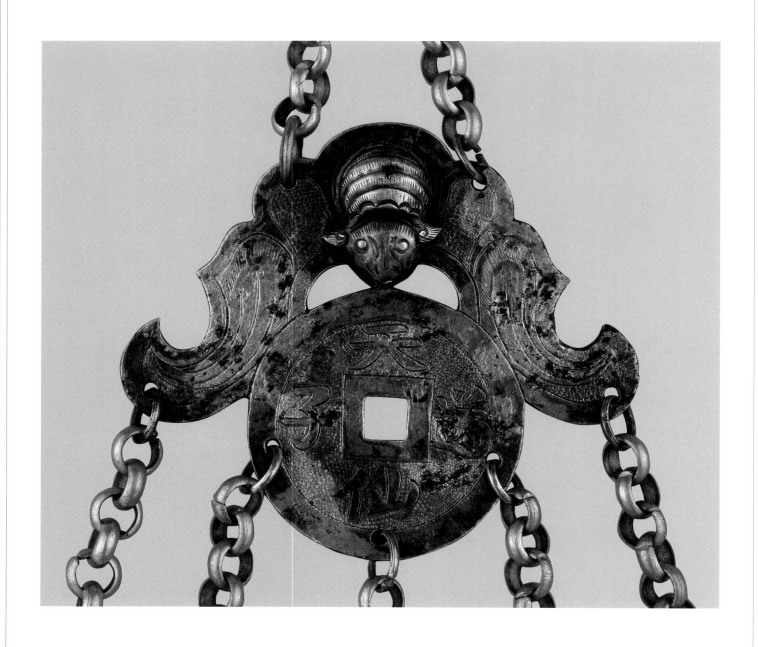

银福在眼前挂饰

年代　清代
地区　河北
尺寸　全长 35 厘米
重量　39 克

　　因为蝙蝠的"蝠"和"福"同音，寓意福气和幸福之意，因此蝙蝠纹为中国传统吉祥纹样之一。
　　一个古钱和蝙蝠组合，表示福在眼前，"眼"和古钱上的方"眼"同音，故民俗中给起了这样一个"福在眼前"的称号，如果是两个古钱和蝙蝠组合，被称为"福寿双全"。中国民俗文化很丰富，看似很简单的一个小挂饰，却寓意着对美好生活的向往。

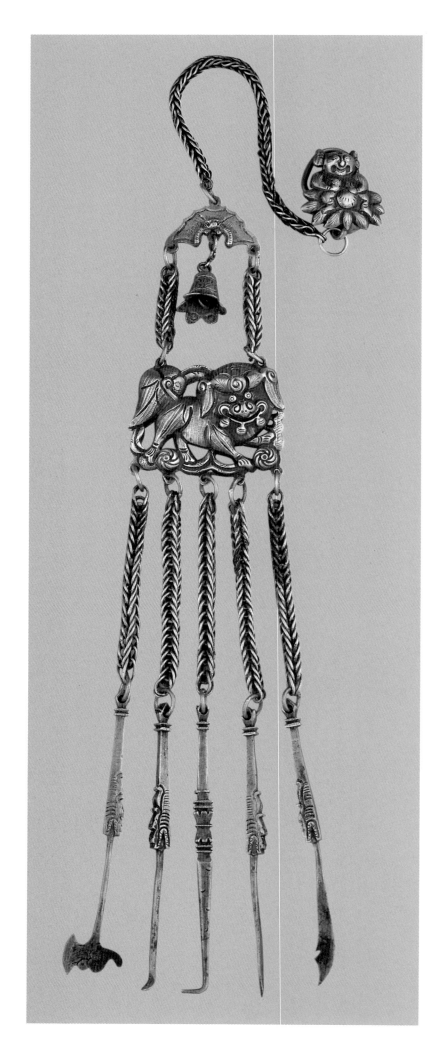

银狮子、莲生贵子挂饰

年代　清代
地区　河北
尺寸　全长40厘米
重量　55克

　　狮子虽说不是中国的物种，但中国却有地地道道的关于狮子的文化。狮子塑像在中国到处可见，每逢佳节之时，"狮子舞"给人们带来很多欢乐的气氛。在某种程度上，狮子成了中国人观念的产物。狮子具有比老虎还大的威力，当然也就可以避邪驱祟，自然也成了中国人的艺术品中的吉祥物。

银喜鹊登梅挂饰

年代	清代
地区	河北石家庄
尺寸	全长48厘米
重量	42克

　　喜鹊在中国人心里、在民俗文化中都有着鲜明的印迹，透着喜气的姿身，明丽清亮的鸣叫随处可见、随处可闻。在春联、新婚喜联里，常用喜鹊渲染喜庆气氛。例如春联：红梅吐蕊迎佳节，喜鹊登枝唱丰年；再如喜联：金鸡踏桂题婚礼，喜鹊登梅报佳音。中国人认为喜鹊具有感应喜事预兆的神异本领。古代曾被称为"神女"，故有灵鹊报喜之说。民间传说牛郎织女每到农历七月初七便于鹊桥之上相会，因此后世将其引申为能够连结男女姻缘的各种事物。于是，喜鹊成了中国民俗中最常见的吉祥图案纹样，也是各种艺术饰品中使用最多的题材。

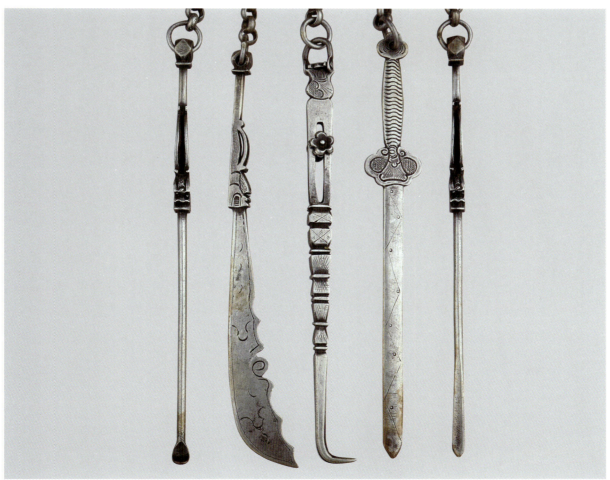

银
挂
饰

银翡翠挂饰

年代　清代
地区　山西
尺寸　全长45厘米
重量　62克

　　这是一件比较讲究的挂饰。上面共挂有一个翡和十一个翠，其层次分明、雅致，下端还坠五个饰件，整体很具观赏性。最上端是一个阿福图案，民俗称"一团和气"。这一挂饰没有复杂的工艺，只是把这些翡翠饰品用简单的银链连到一起，却有着浓浓的雅趣，舒展而素雅，给人一种最美的生活状态。

银镂空葫芦纹挂饰

年代　清代
地区　山西
尺寸　全长 42 厘米
重量　65 克

　　文献中记载，晋代时就有佩戴这种带有仿兵器的挂饰存在了。在挂饰下坠的刀、叉、锤、斧、朝天灯等九种饰品，主要反映人们祈求镇鬼的心愿。它具有多、极、久、阳内涵、寓意吉祥。

　　此挂饰由上下三层组成。坠饰物九件算是多的，一般只挂三件、五件、七件，九件已算不少了，当然个别还有十一件到十三件的，但很少见到。九件在数字上也是一个含义最好的数字。中国人喜欢九、崇拜九，是因为九是天数，古人把全国分为九州，《吕氏春秋》："天有九野，地有九州，土有九山，山有九塞。"在民俗中，有九九重阳，又称重九，即在这一天登高、赏菊、佩茱萸、放风筝，有免灾呈祥的意义；在工艺方面，古有九鼎，相传夏禹铸九鼎，象征九州，因此，九鼎是传国之宝，并有权力的含义。因此，坠饰九件的挂饰说道最多，意义也最多，是数词中最为祥瑞的。一件小小的挂饰不仅显示了当时的社会风貌，亦承载着中国人不尽的美好憧憬。

银佩玉、玛瑙挂饰之一

年代　清代
地区　福建
尺寸　全长 28 厘米
重量　30 克

　　这是一件挂饰小品，为女性佩挂。这种佩玉、玛瑙的饰品来自中国的福建地区。这类饰物在我国明清时期，尤其是清代十分流行，大江南北不分男女均有佩挂各种挂饰的习俗。男子一般挂在腰间和胸前，女子多挂在衣服的第二个纽扣上。作为装饰之挂饰，大多采用"五兵佩"或是采用七件、九件，均以单数为吉利，同样是为了镇鬼避灾、保佑平安。

银佩玉、玛瑙挂饰之二

年代　清代
地区　福建
尺寸　全长 30 厘米
重量　26 克

银岁盘式挂饰

年代　民国初期
地区　湖南
尺寸　全长 37 厘米
重量　55 克

银岁盘式挂饰实际上也是长命锁的一种，也可以作为挂饰。

中国民间自古有抓周的风俗，不分南方北方，包括一些少数民族都普遍有之。古代称抓周为"试晬""试儿"，现代称"抓周""抓生"，抓周一般都是在孩子周岁时举行。人们认为，抓周能预测孩子一生的兴趣爱好、志向事业、前途命运，这种习俗至今都很盛行。

聪明又会经营的银匠艺人们把岁盘打成能戴的长命锁，是一种新的创意，更能满足人们为孩子祈福的心愿，这种具有占卜性的风俗，只是民间的一种民俗活动，不可能预言和决断孩子的未来和人生。但中国民间的风俗是根深蒂固的，就像我们北方过年包饺子时，常将一些硬币包在饺子里，谁吃到，谁就有福，谁吃的多，谁福气就越多，若是第一口咬上了硬币，更是好征兆，就像这岁盘的寄寓一样，中国百姓相信这些风俗，其实也是挺有趣的一项活动。这就是中国人有滋有味生活的反映，尤其突显在民俗文化上，给人们带来了美好如意的祝福。

银葫芦花卉挂饰

年代　民国初期
地区　东北地区
尺寸　全长 32 厘米
重量　46 克

　　该挂饰以五个大小不一的葫芦组合而成。传说葫芦是道士的随身宝贝，里面盛装着神药和宝物。还有传说，葫芦是天地的缩微，内聚灵气，可以用来拎妖提怪。直到现在，很多人依然把葫芦悬挂在家门之上用以驱邪。葫芦藤蔓绵延，结实累累，籽籽繁多，故被视为祈求子孙万代的吉祥物。葫芦有很多美好的吉祥图案，如葫芦上缭绕兰花，象征友谊，装饰别致的葫芦与玫瑰组合象征"万代流芳"，葫芦与长春花组合寓意"万代长春"等。

二式银花瓶针筒挂饰

年代　清末民国
地区　山西
尺寸　全长 12 ～ 25 厘米
重量　25 ～ 35 克（每件）

二式银童子针筒挂饰

年代　清代晚期
地区　山西
尺寸　全长 20 ~ 22 厘米
重量　25 ~ 30 克（每件）

　　针筒是民间群体创造的一个很有生活的挂饰，来自民间，创造于民间。主要为女性所有，随身携带不离身。它是民俗文化的载体之一，是一个小巧实用而又带有多样地域、不同风格的挂饰品。针筒作为一个小小的挂件，却有着丰富的文化内涵。虽然各个地域的造型风格不同，但每件都是很有文化的艺术品。要说针筒，山西的针筒格外丰富，有人物、花卉、鸟兽、鱼、蝉、福禄寿喜文字纹等，造型很多，但花瓶式的最多。"瓶"谐音平，代表"平平安安"。其上的图案也极具装饰性，尤其是童子型针筒：胖胖的小腿小手，笑容可掬的小脸蛋，图案有穿肚兜的，有脚踩元宝的，有手捧莲花的，格外喜人。一个小小的挂饰不仅是一个艺术的品类，而且是一个文化的系统，一个在历史长河中曾经流传了千百年，却又被历史忽略的群体挂饰艺术小品。

二式银童子针筒挂饰

银如意形状元及第挂饰

年代　清代晚期
地区　福建
尺寸　全长33厘米
重量　58克

六式银珐琅彩花瓶针筒挂饰

年代　清末民国
地区　山西
尺寸　全长 20 ～ 30 厘米
重量　18 ～ 35 克（每件）

　　银针筒是旧时妇女身边常挂的饰品，就和今天的针线包一样不离身。其次，还有白铜针筒，作用都是为了缝缝补补之方便，也显示了中国妇女勤俭持家的好习惯与优良作风。针筒大多是银和珐琅彩的，一般不用镀金，因针筒戴在身上经常摩擦，镀金容易被摩擦掉，因此不用镀金针筒。针筒上的图案有写实的也有抽象的，有简洁的也有繁缛的，有精细的也有普通的。图中六式针筒挂饰的品相比较好，形态塑造圆润饱满又极具装饰性，也算针筒里的上乘之作。

五式银针筒挂饰

年代　清末民国
地区　山西
尺寸　全长 22 ～ 30 厘米
重量　25 ～ 32 克（每件）

　　针筒有花瓶形、圆筒形、六棱形、童子踩元宝形等。但以花瓶形居多，它代表了平平安安，圆筒形代表圆圆满满，六棱形代表六六顺，童子踩元宝形代表招财进宝。一般均是以錾刻工艺完成，具有凸凹起伏的立体效果和浓厚的民间情趣。通过一件小小的佩饰，便能体会到中国人向往平平安安和富足安康的生活。不仅用来装针缝补衣服，更重要的是，小小针筒还容纳着生活和理想。艺术中蕴含着一种人间真爱，那就是"女红文化"，产生于中国妇女传统的针黹艺术活动及与生活相关的创造。这一点笔者在农村插队的六年里深有体会，当下地干活歇下来的时候，无论是年轻的人，还是年老的人，只要有空就拿出针线活，或纳鞋帮，或纳鞋底，手中从来不离针线活。在有些僻远的山区地带，至今"男耕女织"的古老习俗仍支持着这一文化经久不衰。

六式银葫芦挂饰

年代 清末民国
地区 山西榆次
尺寸 全长 22 ～ 34 厘米
重量 32 ～ 35 克（每件）

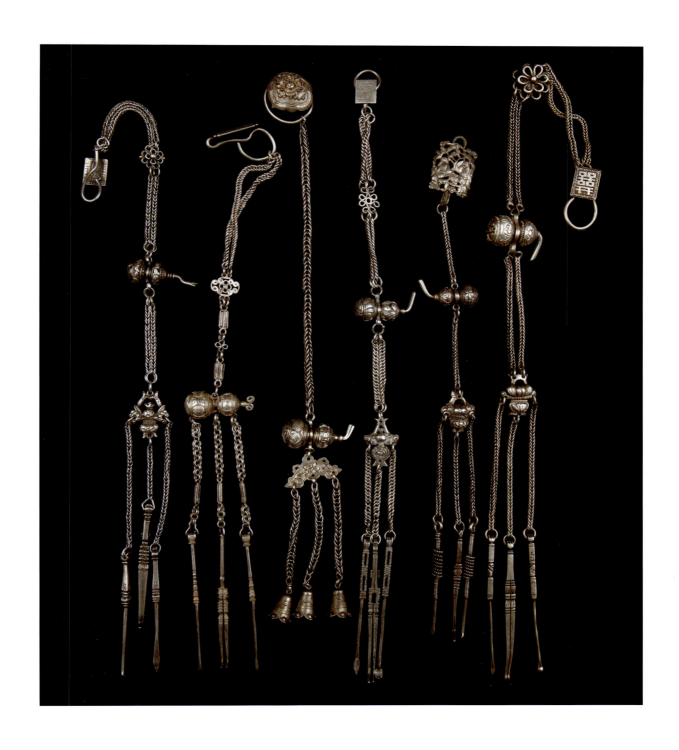

二式银元宝挂饰

年代　民国初期
地区　东北地区
尺寸　全长 32 ～ 36 厘米
重量　82 ～ 90 克（每件）

　　由于地域不同，腰挂的形式也不同，这是东北地区的挂饰。东北地区的银饰做工粗犷豪放，厚实耐用，显示出东北人豪爽大气的性格。寒冷的东北地区，黑水白山伴随着他们的生活。他们的性格就像黑水、白山一样宽阔。本图中的一件挂饰是件祈财文化的吉祥物，上面是花篮，中间是五个小元宝，下坠刀、剑、牙签、耳挖勺、镊子。与南方福建的相比厚重许多，分量相差一半多。其制作工艺粗犷豪放，不像福建的繁缛细致，这正是地域的不同，形式差异的表现。东北地区的挂饰多用元宝纹来做装饰。刀剑是为了避邪，牙签、耳挖勺等又非常实用，即起到了辟邪作用，自己用起来也很方便。

九层银镀金菱角挂饰

年代　民国
地区　江西南昌
尺寸　全长 14 ～ 20 厘米
重量　约 80 克

　　菱角是很好吃的一种食物，壳坚而肉嫩，是南方的一种菜肴。南方有一种风俗，在儿童入学第一天，专门给孩子做一种以葱、芹菜、藕、菱角为食材的佐膳，菱角的"菱"与"伶"同音同声，芹菜的"芹"与"勤"同音同声，"葱"与"聪"同音同声，寓意儿童入学以后勤学、聪明伶俐，将来能学有所成而为有用之才。

　　单说这两串菱角挂饰，都用九个菱角穿成串。因为九在中国是极数大数，吉祥数，很受人们的青睐，而江西南昌民俗中亦十分喜欢九这个吉祥数，因此常把九个菱角穿成串挂在身上或房间里作为装饰。

银镀金双鱼挂饰（一对）

年代　民国
地区　福建
尺寸　全长 15 厘米
重量　65 克（一对）

在长期的历史发展中，人类和
鱼的关系十分密切。早已形成了一
些关于鱼的观念，这种观念以各种
方式体现于民俗艺术等方面。鱼不
但是人们餐桌上的美味佳肴，同时，
鱼也活跃在人们的文化生活中。古
代素有"鱼传尺素"之说，也叫"鱼
书"。书信又有"鱼笺"之称。古
时候还有"鱼符"，也叫"鱼契"，
是类似于虎符的信物。

有关鱼的吉庆语、吉祥图案很
多，如"富贵有余""年年有余"
中的鱼多指鲤鱼。这与鲤鱼的习性
和传说有关。古有"鲤鱼跳龙门""鱼
化龙"的故事，传说鲤鱼跳过了龙
门就变成了龙。古人的铜镜上经常
可以看到双鱼图案，是人们用来描
写一对新婚夫妇生活幸福和谐的词
语，因为一对鱼就是爱情生活和谐
的象征，也是最常见的结婚礼物。
此图中的双鱼很可能就是结婚时留
下来的纪念。

五式银元宝挂饰

年代　民国
地区　内蒙古
尺寸　全长 30 ～ 35 厘米
重量　25 ～ 115 克（每件）

　　元宝，又称银锭，是祈财文化的一种符号。追求功利是社会发展的一种正常现象，为了增进个人的利益，民间广泛流行着一些有关钱财的图案，如铜钱、刀币、银锭、元宝等。在除夕，大人要送小孩压岁钱，一是祝愿新年财源广进，一是用于压伏鬼怪。

　　但在民间，中国人多称银锭为元宝，其实元宝只是银锭中的一种，带宝字的很多，有"开元通宝""乾封泉宝""乾元重宝"还有五代时期的铸钱，"天福元宝"又有"淳化元宝"，故而"元宝"成为较大较重银锭的别称。关于元宝成为吉祥物，也有一些说法。旧时文官考试前，友人常赠笔、定胜糕（元宝形的饼）还有灵芝（如意），取锭为比拟物是"必定如意"之意。锭还是中国传统的"八宝之一"。作为银锭之一的元宝，因其名称吉祥，因此被绘入中国的吉祥图案之中。

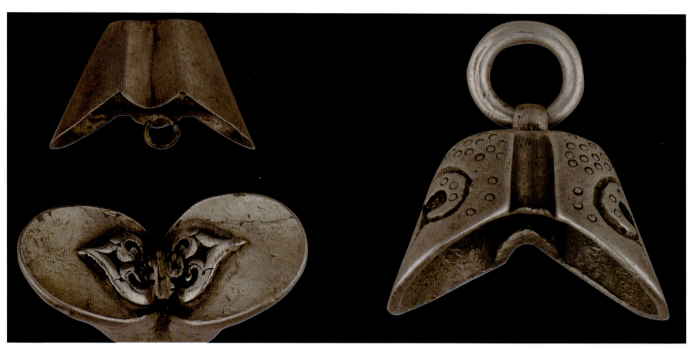

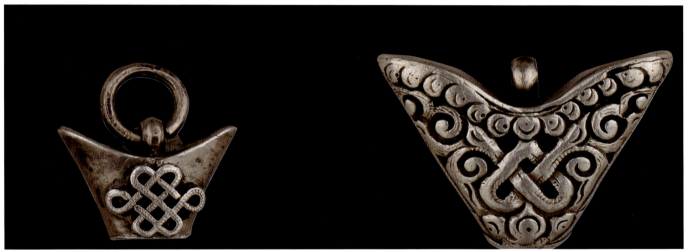

四式银元宝挂饰

年代　民国
地区　内蒙古
尺寸　长 3 ~ 8 厘米
重量　30 ~ 40 克（每件）

三式银桃项链挂饰

年代　民国
地区　北京
尺寸　全长 30 ～ 35 厘米
重量　35 ～ 45 克（每件）

　　人们喜爱戴桃形坠的项链，因为桃有着长寿的传说，传说有一种仙桃，吃了可延年益寿。这种仙桃就是古人传说的种在西王母娘娘的蟠桃园里，三千年一开花，三千年一结果，吃一枚可增寿六百年，至仙桃成熟时，西王母就邀请神仙去她宫里举行蟠桃宴会。
　　中国民间常用仙果或用白面蒸寿桃以祝人的寿诞。另外，人们还绘画或刺绣一些桃子的吉祥图，如蝙蝠和桃子组合称为"多福多寿"，蝙蝠、桃和古钱组合称为"蟠桃献寿图"，桂花和桃花组合称为"贵寿无极图"等，因此桃子成了人们的吉祥符。在两千多年的历史发展中，桃子渐渐成为最具文化特色的果实与人们的生活联系在一起，在民俗观念、宗教观念、审美观念上都占有极其重要的地位，尤其给老人祝寿时，更是不可或缺的仙果。

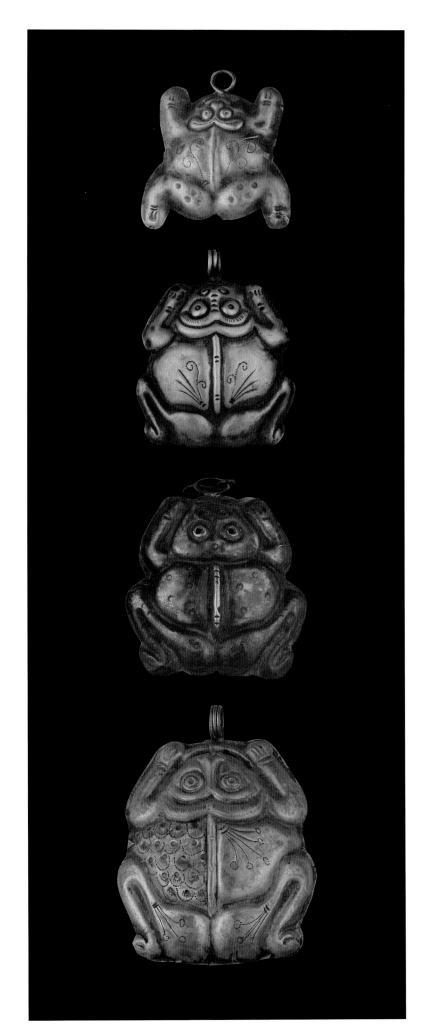

四式银蛙挂饰

年代　民国
地区　山西　陕西　山东
尺寸　全长6～8厘米（每件）
重量　3～6克（每件）

　　中国民间传统银饰图案非常丰富，一枚小小的"蛙"，作为一种美好而吉利的象征物，被代代传递。尤其在山西、陕西黄河流域的仰韶文化遗址，到处可见有关"蛙"图的用品。这些用品主要有：蛙枕、蛙石以及各种用途的蛙纹瓷器等。在民间女红中，以蛙为对象的针线作品更为普遍，如刺绣荷包、围涎（嘴）、肚兜、儿童服装、布玩具，还有剪纸、面花以及"刘海戏金蟾"等各类织绣。蛙在银首饰图案中运用也很多，如银蛙簪、银蛙钗、银蛙扣、银蛙戒指以及银蛙挂件、佩饰等。
　　蛙与"娃"谐音，在民间往往被认为"娃娃"的"娃"，含有早生贵子、多子多福的吉祥寓意。在一些民族、一些地方，蛙还被认为是古老的生育之神，先古图腾中甚至出现蛙和人结合的图案。这些对蛙的崇拜理念，将蛙视为新生儿的保护神。社会发展到今天，那些对蛙符号曾经的热衷和认识，早已淡薄，在现代生活和时代理念的冲击下，只在多少还保留着一些古习民风的乡间故土觅到几丝几缕遗迹。但在晋陕一带很多农村，仍对蛙饰件情有独钟，佩戴着传统"蛙"戒或其他"蛙"纹饰品。人们对"蛙"的崇拜，是出于对"娃"的渴求，虽然国家有严格的计划生育政策，可是他们依旧渴望"连生贵娃"。因为，娃是生存的目的、发展的希望、脱贫的依靠、延续香火的资本，也是人生再次轮回的开始。这是祖祖辈辈的规矩习俗，是愿望或寄托，是激荡平淡生活的涌浪，是祖辈传承下来的瑰宝。
　　然而，现代不应排斥传统，在收藏文物的同时，也应该收藏附着其上的那些越来越稀少、也越来越珍贵的民俗文化。笔者正是在这样的认识和责任感下，开始了对倒挂驴和蛙等相关民间传说的挖掘，走南闯北，深入乡间，努力探寻。

二式银香荷包挂饰

年代　清代晚期
地区　山西平遥
尺寸　全长 30 ～ 32 厘米
重量　56 ～ 66 克（每件）

三式银童子针筒挂饰

年代　清末民初
地区　山西
尺寸　全长 25 ～ 32 厘米
重量　30 ～ 40 克（每件）

银镀金麒麟吉祥挂饰

年代　民国
地区　福建
尺寸　全长 32 厘米
重量　48 克

　　这种多层麒麟送子挂饰，往往不是戴在身上的饰物，而是新婚挂在蚊帐或衣柜上的吉祥物，寓意早得贵子，是盼子心切的表达。古时候，先民们对人的生殖机能相当重视，结婚成家，早生、多生孩子是对一个家族、氏族人丁兴旺战胜自然和其他氏族力量的代表。而麒麟又是民间传奇的神兽，希望借助神兽的灵验，像敬神一样把它挂在蚊帐里、衣柜上，使家族人丁兴旺。

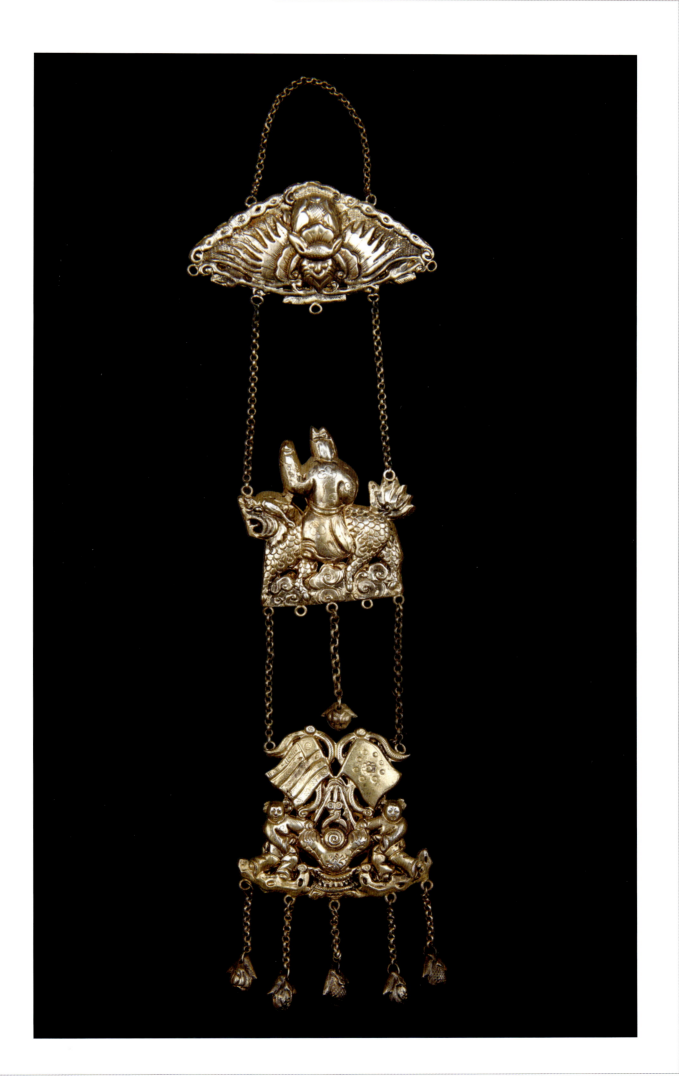

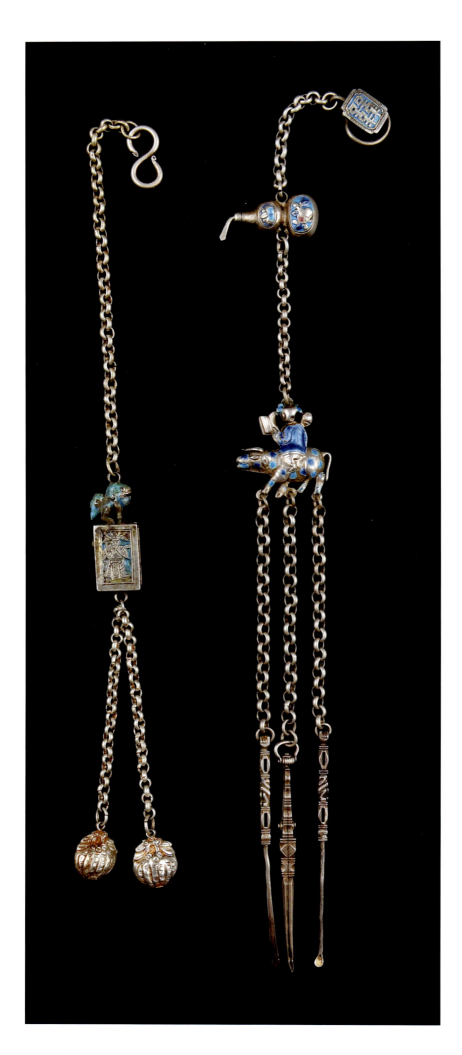

二式银吉祥挂饰

年代　清代
地区　山西
尺寸　全长 24 ～ 32 厘米
重量　28 ～ 40 克（每件）

从左至右为：
（1）银珐琅彩护身符。
（2）银珐琅彩小放牛。
　　在很多饰品上常常可以看到牧童骑牛纹样，或牧童骑牛吹笛，或牧童骑牛读书。民间多以春牛图、牧牛图表示"太平景象"。牛又是春天的象征，寓意喜迎春天，农时开始，人畜兴旺。而图中这件儿童骑在牛背上认真读书的挂饰，则表示勤奋好学的精神，在放牛的时候都不忘读书。放牛是为了生活，而抓紧时间读书是为了今后能成为一个对社会有用的人才，古时也只有读书进取，有了功名才能加官晋爵，青云直上，也是改变自己前途和命运的一个阶梯。因此，刻苦读书，成为学子们获取功名利禄的唯一途径。

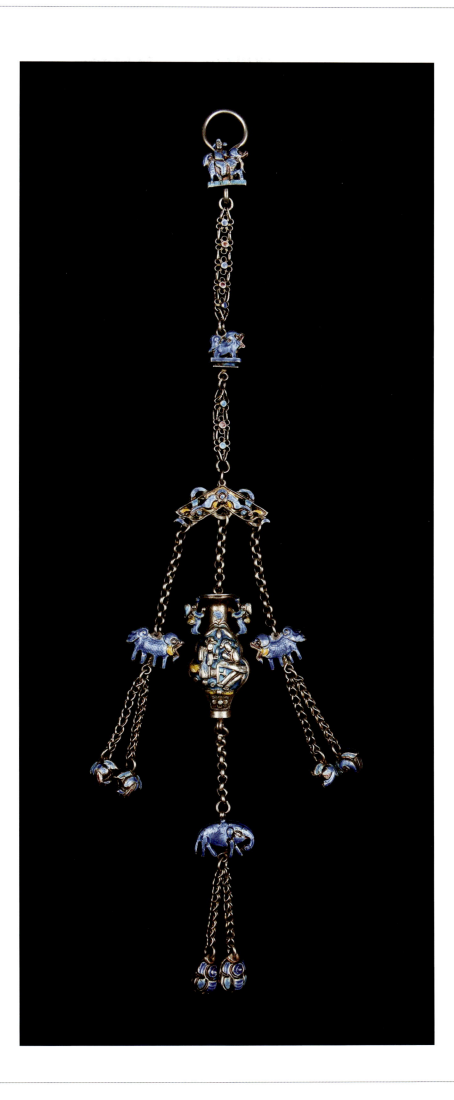

银吉祥针筒挂饰

年代　清代
地区　山西平遥
尺寸　全长 34 厘米
重量　78 克

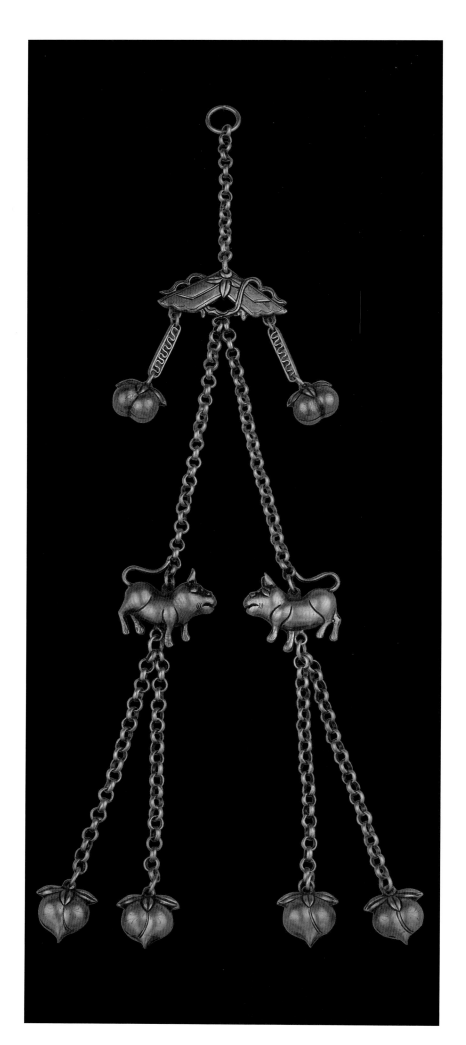

银吉庆动物挂饰

年代　清代
地区　河北石家庄
尺寸　全长 30 厘米
重量　32 克

二式银童子挂饰

年代　清末民初
地区　山西
尺寸　全长 22 ～ 25 厘米
重量　30 ～ 35 克（每件）

银镶虎牙挂饰

年代　清代晚期
地区　福建
尺寸　全长 35 厘米
重量　52 克

　　虎是山林中的猛兽，历来被称为"百兽之王"。《说文》中这样介绍："虎百寿之君也。"《风物通》中也说："虎为阳物，百寿之长也。"

　　虎全身都是宝，这是一件用虎牙制成的吉祥挂饰，往往属虎的人把它当作吉祥物挂在身上。虎是勇气胆魄的象征，用它镇祟避邪，保佑平安。吉祥饰物早在旧石器时代就已经出现，发展到新时代就相当成熟了。最早的饰物，就是利用兽牙、兽骨、蚌贝等自然物进行简单加工制作而成，后来随着社会的不断发展，饰品的装饰越来越精致，装饰目的更加多样化，装饰品更加多姿多彩。不论早期还是近代，人们佩戴兽牙、兽骨的装饰形式，首先是满足人们的巫术信仰，时至今日依然有很多民族，包括世界上的很多民族仍然保持佩戴兽骨、兽牙的习俗，就是期望用它获得力量，保佑平安。

四式银珐琅彩挂饰

年代　清代晚期
地区　福建
尺寸　全长 30 ～ 35 厘米
重量　35 ～ 45 克（每件）

　　本书中的这些腰挂均为传世之物，比较常见，形式一般为宝塔形，用具和佩饰物以银链穿系连接，从上到下分层递增排列，一般以三层、五层比较常见，五层以上的虽有，但很少见到。层层都有说法，个个都有寓意。男子身上佩戴的银腰挂饰，多达几十种之多；女子的挂饰主要在前胸第二个纽扣上。女子挂饰较短、男子挂饰较长。但有些较简单的挂饰，男子也有挂在胸前的，那是为了使用更方便。对于挂饰的位置，并没有具体而严格的要求，主要是为了使用方便，因个人需要而定。

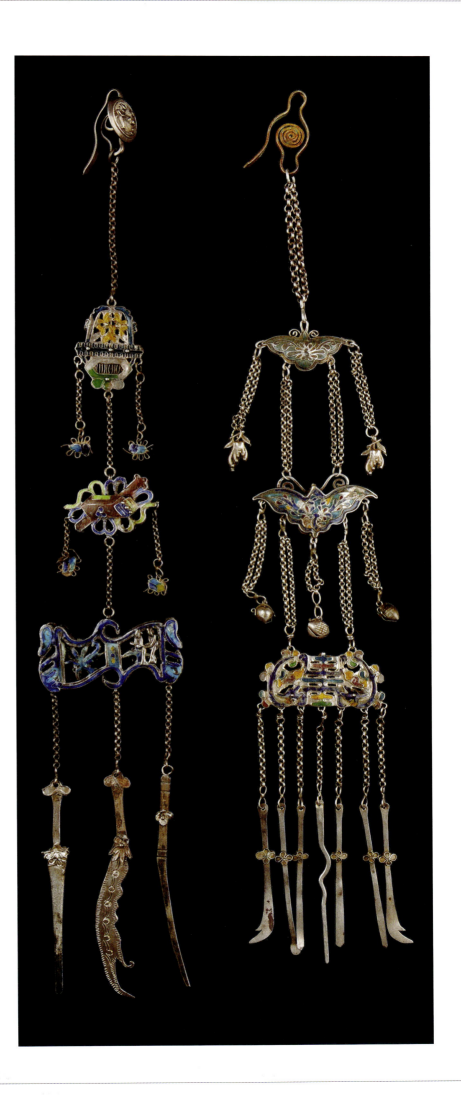

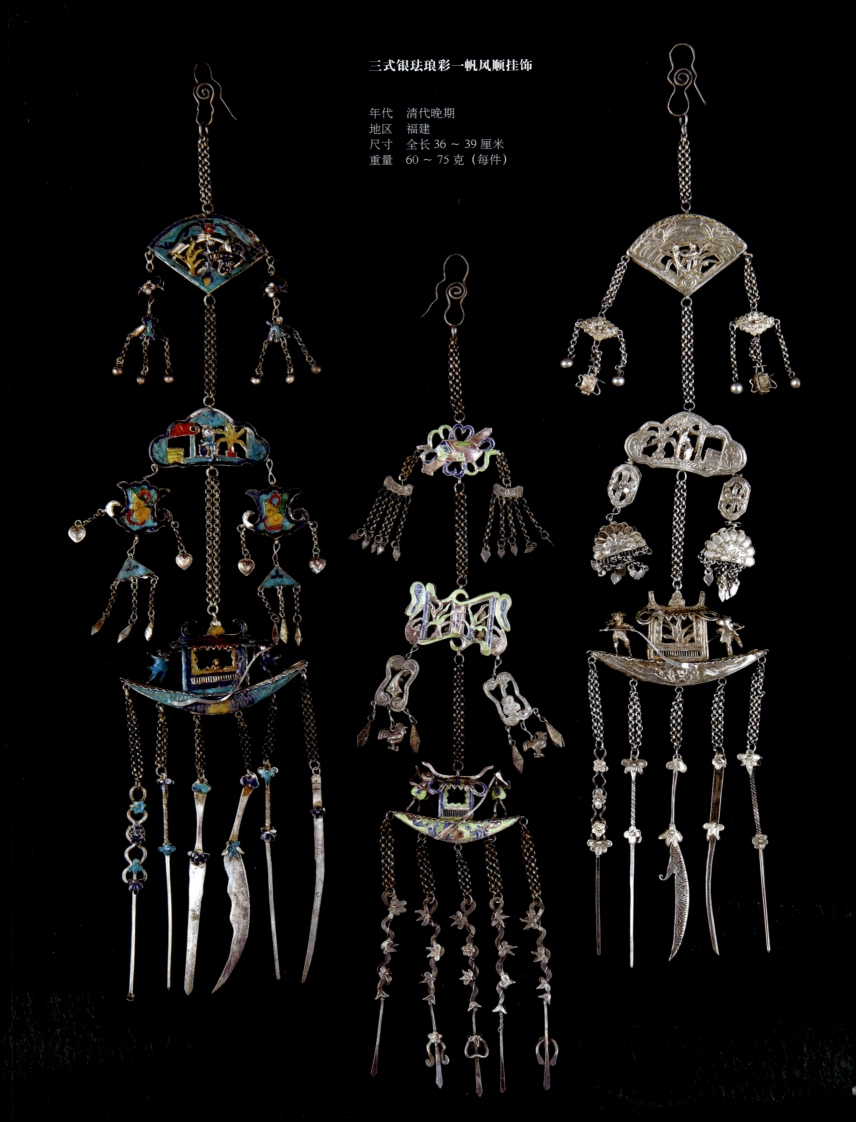

三式银珐琅彩一帆风顺挂饰

年代　清代晚期
地区　福建
尺寸　全长 36 ～ 39 厘米
重量　60 ～ 75 克（每件）

银盘长纹挂饰

年代　民国
地区　内蒙古
尺寸　全长42厘米
重量　102克

　　旧时，人们喜欢在胸前、腰间挂戴一些银串，俗称腰挂、胸挂，源于古代北方胡人服饰，因为胡人为了便于骑马射猎，在腰带上系挂各种随身实用物品。唐代曾经将蹀躞列为文武官员必佩之物且为官品等级的标志，俗称"蹀躞七事"，即悬挂刀子、砺石、针筒等七种物品。唐开元以后废除，但在民间更为流行，并且品种也更多样。到了清代，更是普及，如银香囊、银眼镜盒、银荷包、银熏球、银佩印、银耳勺、银小夹子等，琳琅满目，都列为腰挂范畴，其中有些物品更演变为吉祥物、护身符和避邪物品。本书中介绍的各种腰挂，包括对页图中的三式腰挂都非常精致，寓意美好。

银童子挂饰

年代　民国
地区　山西
尺寸　全长 36 厘米
重量　72 克

银护身符挂饰

年代　清代晚期
地区　山西
尺寸　全长 25 厘米
重量　38 克

　　旧时，我国民间非常信服"护身符"，尤其出远门做生意的商人，他们认为护身符能降妖驱邪，化险为夷，保人平安。儿女远行时，老人们亦常为晚辈带上一种护身符，里面装上一佛，以祈求平安吉祥。

　　护身符经过千百年的演变，发展为许多不同的类型，最初的护身符是由巫师、道士在黄纸上画些似字又非字的神秘符号，用于驱鬼避邪。后来，一些富贵人家便用金、银、翠、玉、铜、木等作为原料打制成各种形状，拴一红绳或银链挂在身上，而这些贵重的东西有降妖驱邪的神力，使鬼怪邪祟不敢靠近。

　　木制的则必须要用桃木，因为北方人认为桃木是避邪之物。桃木的"桃"与"逃"同声同音，鬼怪见到桃木就会远远地逃开。

　　从古至今，人们虽赋予了护身符各种形式，但并没有赋予新的内容，将护身符带在身上只有一个目的，就是降妖避邪，保佑平安。那么传至今日，它不但有避邪的寓意，也是一件可把玩的吉祥物。

银连生贵子挂饰

年代　清代
地区　安徽
尺寸　全长 44 厘米
重量　78 克

银花卉纹挂饰

银花篮纹挂饰

年代　民国
地区　河北
尺寸　全长 30 厘米
重量　62 克

年代　民国
地区　河北
尺寸　全长 32 厘米
重量　68 克

四式银挂饰

年代　民国
地区　福建
尺寸　全长 25 ～ 33 厘米
重量　30 ～ 38 克（每件）

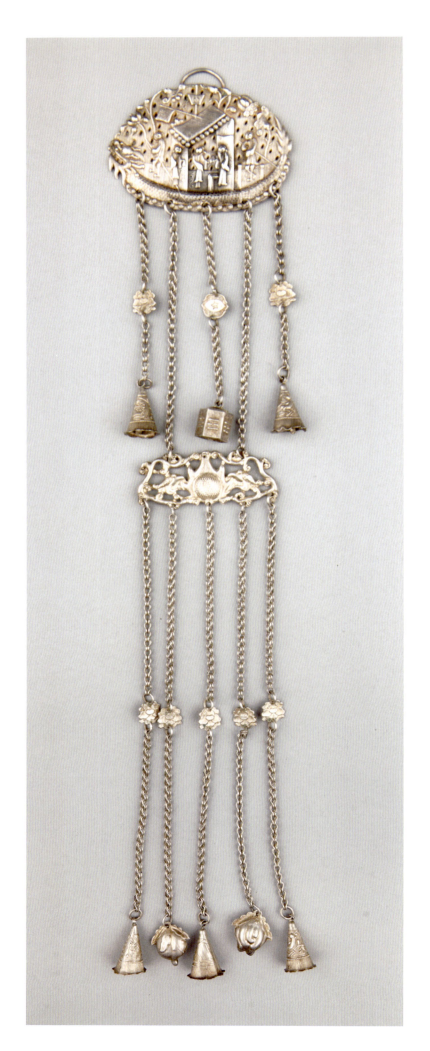

银戏曲人物纹挂饰

年代　清末民初
地区　山西太原
尺寸　全长 35 厘米
重量　70 克

　　中国人自古有佩戴挂饰的风俗，人们称这些挂饰为吉祥物。有在颈上挂的，有在腰间挂的，女子一般佩挂在衣服右襟第二颗纽扣上。这种风俗由来已久，早在魏晋南北朝就有，但于明清时代流传最广。不分南北的汉族，还是少数民族均有佩挂这类饰物的习俗，挂饰的内容也是根据个人的爱好而制作的。

　　这是一件戏曲故事挂饰。从这件挂饰来看，中国人不但需要物质上的满足，更注重精神上的安慰与寄托。中国的很多戏曲故事就是通过这些银饰流传了下来，传唱了几百年，形成了一个戏曲文化的大体系，给后人留下了宝贵的可以写进书里的故事。

银蝴蝶花卉纹挂饰

年代　清代晚期
地区　山东
尺寸　全长 35 厘米
重量　75 克

二式银一帆风顺挂饰

年代　清代晚期
地区　福建
尺寸　全长 36 ～ 38 厘米
重量　70 ～ 80 克（每件）

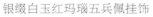
银缀白玉红玛瑙五兵佩挂饰

银双喜纹挂饰

二式银挂饰

年代　民国晚期
地区　山西
尺寸　全长 35 厘米
重量　42 克（每件）

银珐琅彩钱套纹挂饰

年代　民国初期
地区　福建
尺寸　全长 18 厘米
重量　32 克

银珐琅彩一帆风顺花篮挂饰

年代　民国初期
地区　福建
尺寸　全长 33 厘米
重量　68 克

　　这些珐琅彩的挂饰在古玩行里都是备受喜爱的手把玩件，数量要比没有珐琅彩的挂饰少得多。因此很受玩家的青睐。

　　珐琅器原来不是中国的产物，于 12 世纪从阿拉伯地区传入中国，珐琅器的制作工艺技法在元代后期传入中国。但是，当时珐琅器并没有受到人们的重视，直到清代从康熙年间才得到清王公贵族们的重视，并受到朝廷的扶植，于是各种珐琅器制作工艺得到很大发展，历经康、雍、乾三朝，无论是宫廷还是民间，都出现了丰富多彩的珐琅器品种。珐琅釉料的主要原料是石英、长石、瓷土等，它以纯碱、硼砂为溶剂，用氧化钛、氧化锑、氟化物作为乳化剂，以金属氧化物为着色剂，经过粉碎、混合、熔融后，侵入水中冷却成珐琅熔块，经细磨而得珐琅粉，再配入黏土经湿磨而得珐琅浆。珐琅属硅酸盐类物质，釉属低温色釉，烧结一般在 1000℃ 以下。程序非常繁琐，因此存量无论是出土还是传世的都不多，且价值不菲。

银珐琅彩鲤鱼跳龙门挂饰

年代　民国初期
地区　福建
尺寸　全长 16 厘米
重量　45 克

银珐琅彩鱼纹挂饰

年代　民国初期
地区　福建
尺寸　全长 14 厘米
重量　32 克

　　古人视鱼为吉祥物，主要从语音而来，比如"连年有鱼""金玉满堂""双鱼吉庆""吉庆有余""鱼戏莲""鱼钻莲""鲤鱼跳龙门"等，"如鱼得水"更是人们用来描绘一对幸福的新婚夫妇生活和谐的词语。

　　这件鱼纹挂饰为银珐琅彩，鱼头与鱼身分段制作，能转头活动，像虾一样能屈能伸，精巧灵动，整体效果极具装饰性。

银珐琅彩花卉纹挂饰

年代　民国初期
地区　福建
尺寸　全长 30 厘米
重量　40 克

银珐琅彩花篮挂饰

年代　民国初期
地区　福建
尺寸　全长 24 厘米
重量　32 克

　　清代康熙年间，中西方贸易禁止被解除后，欧洲的珐琅器（洋瓷）传入中国，并以贡品、礼品等形式进入清宫廷。这些珐琅器工艺品引起了清代皇帝及王公大臣的关注，于是清政府在广州和北京两地专门设立了珐琅器制造作坊，经若干年的努力，烧制出多种图案题材、器物造型和风格独特的珐琅器。

　　本书收录的珐琅彩饰品和挂饰，亦为我们展示了珐琅彩的精湛和美丽，无论是大件器物还是随身佩戴的小把件都格外令人喜爱。

银珐琅彩一帆风顺戏曲人物挂饰

年代　清代晚期
地区　福建
尺寸　全长 33 厘米
重量　116 克

银珐琅彩一帆风顺书卷挂饰

年代　清代晚期
地区　福建
尺寸　全长 36 厘米
重量　60 ~ 68 克

　　一叶小舟在湖光山色中悠悠荡漾……一幅夫妻乘着小船出海劳作的情景展现在我们眼前，男人在船尾摇橹，女人立于船头……从古时到现在，靠湖、靠海而居的人们不就是这样生活的吗？它象征夫妻风雨同舟、一帆风顺的渔家生活。这一挂饰来自中国福建地区，从上到下有五层装饰，层层都很雅致，不但有趣味性，更具观赏性，是以文化形式装饰生活形式的一种社会背景，使文化生活化、世俗化而又大众化。

　　今天能够欣赏到这些极为浪漫的渔家挂饰作品，不失为一种美好的享受。不但看到了民间艺人的巧思精作，更体会到这些银挂饰在民间的重要意义。

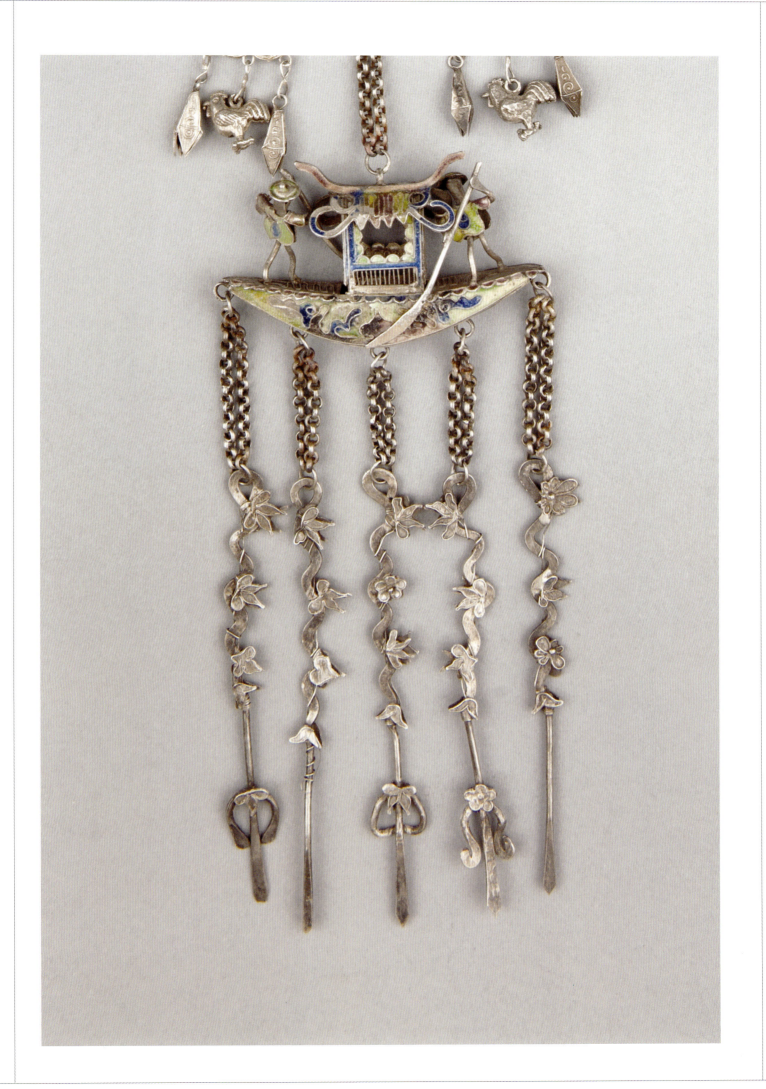

银鎏金万事如意挂饰

清代和民国时期，身佩多层的挂饰很时尚。这两件挂饰应为女眷所用。多层挂饰长度并无定制一般为二三层，多的为五六层，最下层坠挂饰品有刀、剑、耳挖、牙签、镊子等。特别在中国的福建地区，多有这样的银饰挂件，中间挂的饰牌采用银质镂空工艺。錾花工艺成形下坠的刀剑具有避邪的功能。自下往上为如意头饰，是一种如意纹的造型，造型极富情趣，地域不同，叫法也不同，有叫"兵佩饰"，也有叫"压襟"。称兵佩饰多有避邪的意思，而压襟是指妇女穿的斜襟衣服，挂在第二颗纽扣上，有压住斜襟不起伏之用，因此这种二至五层的挂饰多为妇女所有。

类似的挂饰不但南方有，北方也有，但通常北方的要比南方的重一倍到两倍。挂饰具有多姿多彩的装饰风格，有鎏金、珐琅彩，甚至镶嵌珠宝等。图案也丰富多样，有福禄寿喜、花鸟鱼虫、人物故事、山水楼台等。小小的银挂饰，寄托着中国人无限的生活理想和民族文化发展历程，形成了别具一格的艺术特点。

年代　清代
地区　山西
尺寸　全长42厘米
重量　56克

该鎏金银饰由三层构成：

第一层：印章，代表一品夫人的印章（寓意做官）；

第二层：万事如意，指事事顺；

第三层：金蟾，指进财的意思。

吉祥的组合，吉祥的寓意，表达了中国人对生活的美好祈盼，一件小小的挂饰寓意了如此多的美好向往，吉祥图案也因此而一代一代传至今天，成为传承中国文化的珍贵遗产。

银和合二仙挂饰

年代　清代
地区　山东
尺寸　全长42厘米
重量　64克

　　这是一件以和合二仙为主题的挂饰。
　　理想浪漫是中国传统吉祥图案所具有
的最普遍的精神特征，发挥想象力，虚构
出另一种意向，表达另一种寓意，大大扩
展了艺术的自由空间，突破了自然的束缚，
而且有很多图案表现得既巧妙又俏皮。吉
祥图案"刘海戏金蟾"就是以既活泼、巧
妙又俏皮的色彩表达了财神的喜庆。"和
台"本不是财神，而是喜神，取"和气生财"
之意。民间就将婚姻之神演变成团圆之神，
最终演变成财神。"和台二仙"的吉祥图
案常用于年画、瓷器、玉器、竹木牙角雕、
金银器及织绣中，备受民间百姓的喜爱。
和合二仙一个捧盒（"盒"与"合"同音，
取"和好"之意），一个执荷花（"荷"
与"和"同音，取"和谐"之意）。和合
二仙是民间传说之神，主婚姻和合，故也
称"和合二圣"，寓意夫妻相亲相爱，百
年好合。"和为贵"的观念，正是"和气
生财"的源泉。因此"和合二仙"的吉祥
图案在很多饰物上是最多、最受人们青睐
的吉祥图案。

银万事如意挂饰

年代　清代
地区　山西
尺寸　全长45厘米
重量　42克

人生万事不如意的事是客观存在，因而有人隐逸山林，有人出家修行。作为中国的吉祥挂饰，如意挂饰满载着古人对生活的美好憧憬，鼓舞着人们驶向幸福的彼岸。

这件银挂饰的中间一层，以如意灵芝为主题，中心装饰"卍"字纹合意万事如意。作为文化符号和吉祥图案，它们的寓意都充满了欢乐与吉庆。

"卍"字原为梵文，在武则天当政时，被采用成文字，音万，为吉祥万福之集聚，通常作为万字的变体字。"卍"字自四端纵横伸延，以相连锁组成各种花纹，含连绵长久之意，称为万字锦，象征富贵不断，在建筑物、家具、金银饰品等器件上应用很广泛。受传统文化的影响，中国人喜欢身佩一两件吉祥饰物，这样的万字如意纹挂饰颇受喜爱，既吉祥又有护身之用。

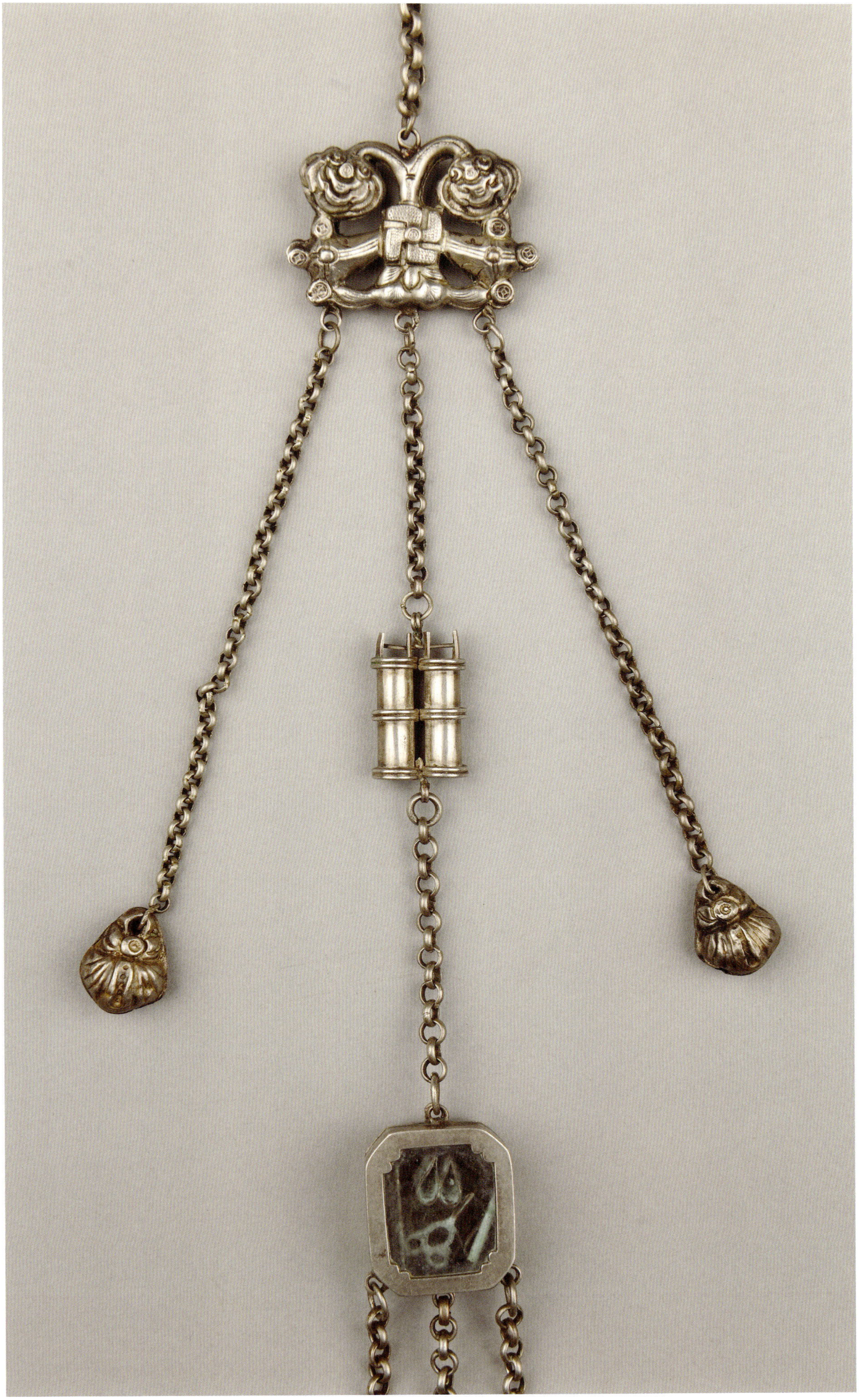

银鎏金万事如意挂饰

年代　清代
地区　山西
尺寸　全长 38 厘米
重量　48 克

银珐琅彩同心结挂饰

年代　民国晚期
地区　内蒙古
尺寸　全长 42 厘米
重量　92 克

银珐琅彩四合如意挂饰

年代　民国晚期
地区　内蒙古
尺寸　全长 40 厘米
重量　98 克

　　"四合如意"图案最早见于汉代的铜器纹饰、漆器纹饰及丝织品纹饰。中国服饰中云肩多以四合如意造型为装饰，而金属四合如意挂件使用最多的地区应是内蒙古，形制有大有小，大的往往挂在家中，小的挂在身上，既能把玩，又取祥和之意。

　　因是四个如意组合，寓意东西南北祥和如意。中国的吉祥图案总是有着美好的寓意，构图变得意味深长，图案更形象化，在寓意丰富的意向中，充满了欢快和吉庆。吉祥图案作为中国传统文化的重要组成部分，已成为认知民族精神的标志之一。吉祥图案是吉祥观念的具体表现，表达了人们对吉祥愿望的憧憬和对美好生活的热烈追求。

银珐琅彩双鱼吉庆挂饰

年代	清代晚期
地区	内蒙古
尺寸	全长 35 厘米
重量	48 克

　　"双鱼吉庆"纹样在中国的西周铜镜上是最常见的图案。

　　这种图案到了汉代,出现了铜洗底部绘双鱼的图案,侧面题"大吉祥"三字,故后世有"晋砖五鹿宜子孙,汉洗双鱼大吉祥"的对联传世。"双鱼吉庆"图案在结婚喜饰中应用最广。

　　鱼的种类和吉祥物很多,但多指的是鲤鱼和金鱼。鲤鱼的"鲤"和"利"谐音,故有"渔翁得利"。鲤鱼产籽多,故常用于祝吉求子,以其作生育繁衍的象征。汉代铜洗上的双鲤鱼被称为"君宜子孙"。中国浙江东部婚俗,新娘出轿门时,以铜钱撒地,谓"鲤鱼撒子"。

　　在历史文化的发展进程中,鱼的图案越来越多地用于吉祥饰品上,成为金饰、银饰、竹木牙角雕、玉佩、铜佩、珐琅器及各种挂饰中使用最广的图案,也是中国民间老百姓最喜爱的图符。

银珐琅彩虎牙挂饰

年代　清代晚期
地区　福建
尺寸　全长45厘米
重量　72克

　　这种尾像鱼、头像龙的挂饰，可称为"鱼龙变化"。有一种构图是龙门，而龙门下有鲤鱼，鲤鱼自波涛中跃
起的姿势，跳过龙门，化为云龙腾飞的图案，称之为"鲤鱼跳龙门"。
　　这件挂饰寓意读书人科举高中，从此青云直上、步入仕途。

银
挂
饰

银暗八仙眼镜盒挂饰

年代　清代
地区　内蒙古
尺寸　全长 15 厘米　宽 6 厘米
重量　102 克

二式银鸳鸯纹挂饰

年代　民国初期
地区　福建
尺寸　全长 22 ~ 25 厘米
重量　43 ~ 45 克（每件）

　　此类挂饰一般不挂在身上，而是旧时新婚时挂在蚊帐和衣柜上的挂饰。鸳鸯，古人称之为匹鸟，其形影不离，雄左雌右，飞则同振翅，游则同戏水，栖则连翼交颈而眠。因此，鸳鸯被认为是祝福夫妻和谐、幸福的最好吉祥物。这种吉祥图汉代晚期就已经出现，以鸳鸯为名的古织绣有鸳鸯衾、鸳鸯枕、鸳鸯襦、鸳鸯褥等。作为吉祥物，鸳鸯是爱情、婚姻美满的象征，古今运用极其广泛。最为常见的就是鸳鸯在荷池中顾盼戏游的纹图，"鸳鸯戏荷"也称"鸳鸯喜荷"，主要以妇女用品为多。

二式银吉祥文字腰带

年代　清代晚期
地区　广东
尺寸　全长 80 ～ 82 厘米
重量　150 ～ 220 克（每件）

年代　清代晚期
地区　广东
尺寸　全长 82 厘米
重量　220 克

银八仙纹腰带

年代　清代晚期
地区　广东
尺寸　全长 82 厘米
重量　220 克

银福禄寿康宁腰带

年代　清代晚期
地区　广东
尺寸　全长 82 厘米
重量　220 克

　　本书中展示的几条腰带均为清末民初的饰品。

　　图中腰带分为二十节，以吉祥文字"福禄寿康宁"环套环组合而成。

　　盘旋翻转，头尾呼应，在当时属于一些窈窕淑女所用的时尚品，腰带的一端焊接有挂钩，可根据佩戴者的腰围大小调解长短。

　　此腰带属于曾经外销，现在又回流的饰品。中国的银饰有着灿烂的文化历史，一些金银器产品都巧妙结合了中西文化，将大量的中国元素加入到出口西方的日常生活器物之中，在当时深受西方人和华侨的喜爱。同时，也成为中国上流社会绅士、淑女们的青睐之物。

银人物纹双喜腰带

年代　清代晚期
地区　广东
尺寸　全长 84 厘米
重量　220 克

　　这也是一条备受当时上流社会人家小姐们喜爱的银腰带。

　　据资料记载，清代最大的对外贸易银器机构在广东，又称专业商行、洋货行、外洋行、洋货十三行、广东十三行等。十三行成立于 1685 年，毁于 1856 年，共 170 年。当时广东十三行被视为清政府财源滚滚的"天子南库"，用银钱堆满十三行来形容。到清末，由于鸦片战争，十三行也在战火中越来越萧条，虽貌似在营业但已逐渐走向衰弱。1856 年之后，繁荣一时的"十三行"因处于英法联军的炮火中一再衰败。英国商人也将经营中心转至香港，广东十三行从此退出历史舞台。在 1900 年之前，这里是外销银器最大、最集中的市场。当时许多外商通过行商或自行向广东银铺、银楼定制银器，通常是餐具、高足酒杯及银盒等，具有中西方艺术风格交融的特色。因此，现在很多回流银器多出自广东十三行，回流的银饰与中国传统银饰融合，使中国的金银文化市场更加丰富多彩、亮丽多姿。

九式银钱币纹挂饰

年代　民国初期
地区　广东
尺寸　最大直径 4 ~ 6 厘米
重量　6 ~ 10 克（每件）

　　人们最熟悉、最常见的古钱币形状就是圆形方孔的铜钱和银钱。其实，在两千多年前，中国人就开始用各种金属币了。

　　据说，圆形方孔钱，其形状外法天、内法地，取义精宏，起于战国晚期。钱币是八宝之一，象征着富贵，很多钱币上常见"长命富贵"的字样。下图中的九式钱币上就有"长命百岁""一锁千秋""天作之合""三元及第"等吉祥字语。因为吉祥，类似字样的钱币在中国已被用作护身符。这些方孔钱币还有"天下太平""三仙送子""龟鹤齐寿""吉祥如意"等很多吉祥语，而且上面还带一些有灵物的图案，用红绳穿成串挂在小孩身上，大人则多挂于在腰间，也有挂在胸前的，可以驱赶使人致病的妖魔鬼怪。有关古钱币的吉祥图案字样很多，传说在古钱中，清代乾隆年间的最有灵气，占卜的人常用乾隆钱币来占卜，所卜之事无不应验。

多式银梳子挂饰

年代　清末民国
地区　山西
尺寸　梳子长 10 ~ 12 厘米（不含链）
　　　梳套长 11 ~ 14 厘米
重量　梳子 12 ~ 16 克（每件）
　　　梳套 6 ~ 7 克（每件）

　　这种随身挂戴的小银梳子一般为老年人和绅士所戴的挂饰，用于梳理胡须和眉毛。其中两把带梳套，一把不带。
　　小银梳子在工艺上极为精巧，造型考究，并且具有很强的装饰性，不但使用方便，听老人说还有另一种意义，即梳子都是由上往下梳，人一旦有什么事时，往往要求人，就得从上往下先疏通关系，只有疏通了关系才好办事。还有一种梳子是豆荚形式，内藏小梳子，豆荚形如四季豆，喻四季平安，还喻四季疏通顺利之意。有的还专门制成了梳子的形式，但并不实用的装饰物挂在身上。
　　中国人就是这样，把一些不起眼的小玩意儿都赋予了美好的愿望，抚慰着人们的心灵和生活。

参考文献

[1] 田自秉，吴淑生，田青. 中国纹样史 [M]. 北京：高等教育出版社，2003.

[2] 杨先让，杨阳. 民间黄河 [M]. 北京：新星出版社，2005.

[3] 高春明. 中国服饰名物考 [M]. 上海：文化出版社，2001.

[4] 袁仄，蒋玉秋. 民间服饰 [M]. 上海：少年儿童出版社，2007.

[5] 王杭生，蓝先琳. 中国吉祥图典（上下）[M]. 北京：科学技术出版社，2004.

[6] 李友友. 民间枕顶 [M]. 北京：中国轻工业出版社，2007.

[7] 李友友，张静娟. 刺绣之旅 [M]. 北京：中国旅游出版社，2007.

[8] 韩振武，等. 中国民间吉祥物 [M]. 北京：中国旅游出版社，1995.

后 记

《中国传统首饰 长命锁与挂饰》一书历时三年，终于与读者见面了。这是笔者从收藏品中选编的有关老银饰"长命锁与挂饰"的专题书，仍是以图文并茂的形式进行介绍、分析和描述。

笔者的藏品和学识主要来自乡土，来自田野，来自民间这片肥沃的土壤。

书中所介绍的长命锁，均是筛选的比较有意义，具有历史代表性的长命锁，并详细地介绍给读者。这是一部通俗易读、雅俗共赏的大众读物，对稍有相关知识和传统银饰研究的人均有益处。

今天，这些老首饰的应用范围已经比较有限，但这些饰品的审美价值却日渐提升。因此，技艺失传的饰品更显珍贵。从爱好它的第一天到现在，光阴似箭，竟已过去了三十余年。三十余年来笔者一直为收藏它们而奔波，它已成为我生命中不可缺少的乐趣，将长命锁写成书也是这三十余年来最期盼的一个心愿。如今如愿以偿，并随着自己的心愿与读者们见面。

这些书的面世，是对笔者三十余年来喜爱的老银饰的一个总结，也是为中华银饰文化做点应有的贡献。虽然在这一过程中，付出了巨大的努力，也遇到了很多挫折，但还是坚持按自己的意愿走下来了。俗话说，坚持就是胜利，胜利不属于聪明的人，而属于那些持有恒心、毅力并努力为之奋斗的勤劳者。笔者自认为并不聪明，但很勤劳、勤奋。

勤劳成就了这几部书的创作，勤奋让笔者学到很多历史知识，了解到很多原来不懂的知识。功夫不负有心人，十年磨一剑，爱好了半生的事业终于有了圆满的结果。笔者希望这部书能给您带来快乐。留下一点寻幽探奇的踪迹，直到推开神秘的金银宝藏大门，嗅着件件藏品的陈年又迷人的气息，沿着条条风霜百年的曲径，走进那古老的银饰世界。

在这里感谢中国纺织出版社的大力支持与协作。感谢李春奕女士和参加这本书编审的同志们认真负责、不辞辛苦的工作态度，感谢给我鼓励、给我勇气、支持我写这本书的所有朋友和同仁们。在这里表示衷心的、真挚的谢意。

王金华

2014 年 3 月于北京

作者简介

　　王金华，1952年出生于北京。1968年初中毕业后，到山西夏县插队。1975年就职于铁路行业。由于酷爱古典文化，工作之余热衷研读地方志、史书，收集民间传统艺术品。20世纪80年代末，毅然辞去二十余年安身立命的铁路工作，专事古玩的收、卖、研，逐渐成为中国传统织绣和银饰文化的藏品大家。目前，珍藏服装、云肩、枕顶等丝织品上千件，簪、钗、冠、手镯、长命锁等首饰上千件，且藏量大、品种丰富、品相较好，具有极高的研究价值。

　　作者行事专注、刻苦钻研，在明清服装和银饰的研究方面尤见成效，并心系传统文化的研究、保护、传播与传承，创办了"雅俗艺术苑"，为广大艺术品研究者、爱好者提供了一个小小的文化交流平台。同时，还为各地博物馆的筹建、各类藏品的展览以及学者专家的著书等提供了大量的藏品和相关图片。

　　凭借丰富的藏品、渊博的收藏知识、独到的鉴别经验，对文物实业界和文物学术界均有一定影响和贡献。曾任工商联中华全国古玩业商会常务理事、北京古玩城商会古典织绣研究会会长、北京古玩城私营个体经济协会副会长。

　　二十年间，陆续出版了《中国民间绣荷包》《中国民俗艺术品鉴赏刺绣卷》《民间银饰》《图说清代女子服饰》《图说清代吉祥佩饰》《中国传统首饰》（上、下册）《中国传统首饰　簪钗冠》《中国传统首饰　手镯戒指耳饰》等书籍。其中有几部曾多次重印，有几部还译成英、德、法等文字，在多个国家热销。近期，又将有几部专业新著陆续面世。